iT邦幫忙 鐵人賽

博碩文化

PHP網路爬蟲開發
入門到進階的爬蟲技術指南

第11屆
iT邦幫忙
鐵人賽
佳作
iThome

第一本以PHP網路爬蟲開發技術為主的台灣本土專書！

提供客製化虛擬機器環境輕鬆地進行案例演練
透過大量案例研究以增進爬蟲開發技巧
介紹不同爬蟲套件以因應複雜多變的網站

 本書提供線上範例檔

李昀陞 ── 著

作　　者：李昀陞
責任編輯：魏聲圩

董 事 長：陳來勝
總 編 輯：陳錦輝

出　　版：博碩文化股份有限公司
地　　址：221 新北市汐止區新台五路一段 112 號 10 樓 A 棟
　　　　　電話 (02) 2696-2869　傳真 (02) 2696-2867

發　　行：博碩文化股份有限公司
郵撥帳號：17484299　戶名：博碩文化股份有限公司
博碩網站：http://www.drmaster.com.tw
讀者服務信箱：dr26962869@gmail.com
訂購服務專線：(02) 2696-2869 分機 238、519
（週一至週五 09:30 ～ 12:00；13:30 ～ 17:00）

版　　次：2021 年 2 月初版一刷

建議零售價：新台幣 520 元
I S B N：978-986-434-569-4
律師顧問：鳴權法律事務所 陳曉鳴律師

本書如有破損或裝訂錯誤，請寄回本公司更換

國家圖書館出版品預行編目資料

PHP 網路爬蟲開發：入門到進階的爬蟲技術
指南 / 李昀陞著 . -- 初版 . -- 新北市：博碩
文化股份有限公司，2021.01

面；　公分--(iT邦幫忙鐵人賽系列書)

ISBN 978-986-434-569-4(平裝)

1.PHP(電腦程式語言) 2.網路資料庫 3.資料庫
管理系統

312.754　　　　　　　　　　110000212

Printed in Taiwan

博碩粉絲團

歡迎團體訂購，另有優惠，請洽服務專線
(02) 2696-2869 分機 238、519

近年來數據分析盛行，為取得數據來源，爬蟲技術興盛，綜觀網上教學、坊間書市，充斥著大量爬蟲為主題的內容，其中，又以 Python 實作爬蟲為大宗。剖析爬蟲技術，核心為二：一為 HTTPClient、二為 DOM Parser，兩者技術難度不深，幾乎所有程式語言都能做到。PHP 在後端市場佔有率這麼高，難道不能用於網路爬蟲的開發嗎？

當然可以！Peter 的這本《PHP 網路爬蟲開發：入門到進階的爬蟲技術指南》給出了最好的答案。

在這本給 PHP 開發者的爬蟲實戰寶典裡，Peter 首先帶著大家以當前最流行的 Docker 技術建置網路爬蟲所需的開發環境、擷取 RSS、爬網站資訊、抓證券資料等實際案例，建立讀者的實作基礎。在書本的後半段，藉著模擬操作行為、運用 OCR 解析驗證碼、下載目標網站檔案等進階技巧，開啟讀者對爬蟲技術的想像，利用機器人自動化地完成更多繁雜瑣碎的工作。為了補齊所有基礎知識與資源，Peter 很用心地在書中整理出 HTTP 及 PHP 相關基礎知識及資源，更補充了建置 VirtualBox 虛擬機器及寄發電子郵件時所需使用的第三方平台註冊與設定教學。透過 Peter 完整的介紹，初學爬蟲者也能快速上手，輕鬆成為資料擷取達人。

與 Peter 相識多年，從最早因籌備研討會而合作，也多次邀請他至「PHP 也有 Day」社群聚會上發表心得。這些年來看著 Peter 深耕國際開放原始碼社群，參與多項 PHP 開放原始碼專案、力拼至國外發表，為台灣開發者爭取國際能見度。也因為有他的努力，這幾年的 LaravelConf Taiwan 有幸藉由他的人脈接洽多位外籍講者。去年 Peter 更熱心地架設台灣 Composer 鏡像站，造福身在台灣的 PHP 開發者。

這次他花費眾多心力撰寫此書,貢獻自己的研究心得。對於 Peter 的努力,我由衷佩服!希望這本書能夠幫助 PHP 開發者更了解如何運用自己熟悉的程式語言,打造出卓越的爬蟲應用。

Laravel 道場、Laravel 台灣社群創辦人

JetBrains 技術傳教士

范聖佑

2021 年 1 月 18 日

很高興有這次機會能夠出書並分享對於使用 PHP 開發網路爬蟲技術的經驗。首先需要謝謝我的家人、朋友以及同事還有遠在天邊的網際網路上之技術社群夥伴們。要完成這本書可以說是不容易的；也謝謝你手上有這本書或是正在看序的您，並讓我有機會讓您閱讀與分享我網路爬蟲技術相關的專業，雖然說是第一次出書，筆者總是想要讓主題與內容盡善盡美，但是總是在篇幅與章節安排的限制之下，總不能把每一個主題講的很深與仔細。所在書籍的撰寫上，許多的內容都一直改來改去，因此花了很多時間在章節安排內容之撰寫與規劃。希望可以讓讀者在對於 PHP 實做網路爬蟲上可以以從入門到進階的方式，一步一步的提升網路爬蟲開發的技巧與能力。若您是 PHP 開發者而正在想要實做網路爬蟲，那這本書正巧適合您，並帶領您前往網路爬蟲技術的世界；若您是資深 PHP 開發者，這本書正好可以讓您審視爬蟲技術技巧，並在審視與複習爬蟲技術的同時，也讓您自身的爬蟲技術開發的能力更上一層樓！

在這個資訊爆炸的時代，每天都有各式各樣的資訊服務與網站不停地接收，身為軟體工程師或是一位 PHP 開發者，有時也對這些資料或是資訊感到新鮮，進而想要有一個系統性般的方式去讓身邊這些資料被分類與收集。抑或是在生活中，身為 PHP 開發者的我們總是需要協助我們監控一些資料狀態，如拍賣產品的資料，當一有狀態的時候，立即的通知我們，而不是如機器人一般每日花費時間並手動的監控那些資料。上述這些是什麼樣的技術能夠幫助我們改善日常生活呢？答案就是網路爬蟲。透過網路爬蟲的技術，可以協助我們擷取與收集我們想要的資料之外，也可以協助我們監控資料的狀態，甚至更進階一點技術，更可以協助我們在資料狀態改變之後去執行我們定義的相對應動作。

本書分成四個部分：

第一部分為 PHP 與 HTTP 等相關基礎與資源介紹、網路爬蟲相關基礎知識以及網路爬蟲環境建置，這部分除了介紹 PHP 與 HTTP 基礎知識以及網路爬蟲相關的名詞解釋之外，最重要的就是網路爬蟲環境建置，這個爬蟲環境將會貫徹整本書，並在日後每一個的操作範例中，皆會使用這個爬蟲環境進行練習。

第二部分為入門之網路爬蟲案例研究，會涵蓋 4 個筆者所遇過的案例並透過系統性的整理，逐一的分析每一個案例，包含從網站分析、實做爬蟲或是網路機器人，接著最後到資料擷取實做。

第三部分為案例整合，筆者將會展示如何將在第二部分中演示的 4 個案例進行幾個案例整合的展示，工作排程的整合、寄信的整合以及簡易 API 服務設計與整合等這三個方向進行。

第四部份為進階爬蟲的技巧，一開始章節部分會先介紹進階爬蟲定義、反爬蟲定義與介紹、無頭瀏覽器等章節，接著會帶領讀者實做 2 個案例，並運用到先前所介紹的進階爬蟲相關的技術進行實做。

最後附錄為運行爬蟲環境之虛擬機器建置教學與案例研究整合中會使用到的 Mailgun 寄信服務註冊帳號與相關設定教學。

PHP 相關基礎與資源介紹

由於本書並不是介紹 PHP 基礎相關的主題，但是為了要讓讀者們在閱讀此書之前，希望對 PHP 語法與相關的基礎知識有一定的了解，因此筆者在此篇章節中提供以下實用的 PHP 相關資源，並強烈建議對於 PHP 相關基礎不熟的讀者再繼續閱讀之前，能先將下方所列出的資源看過一遍。

- PHP 官方網站

  網址：https://www.php.net

  PHP 官方網站是筆者認為讓讀者對 PHP 入門的一個很好地方，內容有許多的函式以及基礎的 PHP 語法，同時也適合對 PHP 有一定程度了解的開發者當做工具書的網站。

- PHP The Right Way

  網址：https://phptherightway.com

  此網站適合對 PHP 有一定程度了解的讀者們閱讀的網站，內容涵蓋了現代 PHP 相關開發所需要具備的知識，如雜湊密碼的函式使用、進階的 PHP 物件導向程式設計、PHP 網頁應用程式安全防禦討論、程式碼文件化的方法、PHP 之相關測試工具介紹以及部署 PHP 應用程式的方法介紹等。

- Composer

  網址：https://getcomposer.org

  Composer 為 PHP 所打造的相依套件管理工具，方便 PHP 開發者在安裝外部以及第三方的 PHP 套件，讓 PHP 網頁應用程式在開發的進展上更為的快速。

- symfony/dom-crawler

  網址：https://symfony.com/doc/current/components/dom_crawler.html

  Symfony 是一個 PHP 之網頁應用程式框架，而 dom-crawler 是此框架中其中一個元件，可以不用依賴本身 Symfony 框架而獨立做使用，並常用來對有文件物件模型（Document Object Model, DOM）的文件格式，如 XML 與 HTML 等，對其進行內容存取與操作，筆者在後面章節中會大量的使用此套件對 HTML 內容進行元素的操作，因此希望讀者們可以先熟悉此套件的使用方式。

- symfony/css-selector

  網址：https://symfony.com/doc/current/components/css_selector.html

  如同上述的 dom-crawler，此套件也是在 Symfony 的元件之一，其用來對 DOM 中進行查找元素的一種方式，其實做了階層式樣式表（Cascading Style Sheets, CSS）內部查找元素的選擇器機制。若讀者對 CSS 等相關前端開發技術熟悉的話，相信對此並不會陌生，本書內文中的範例程式碼會大量使用到此套件，期許對此元素選擇器陌生的讀者們可以先去 https://www.w3schools.com/css/default.asp 網站了解一下。

- Guzzle, PHP HTTP Client

  網址：https://docs.guzzlephp.org/en/stable

  此套件是一個以 PHP 開發出來與 HTTP 溝通的套件，包含發送 HTTP 請求與接收回應，以及支援 PSR-7（https://www.php-fig.org/psr/psr-7/）之 HTTP 訊息介面之規範特性，筆者在此書的範例程式碼中大量使用到此套件進行 HTTP 相關的請求發送與回應接收，希望讀者們在閱讀往下章節之前，可以先透過上述的網站了解此套件的基本運用。

- ramsey/uuid

  網址：https://uuid.ramsey.dev/en/latest/introduction.html

  此套件是一個以 PHP 開發出來並用於產生 UUID（通用唯一辨識碼）的套件，並根據網際網路工程小組所定義的 RFC 4122 來產生 UUID 之版本 1、2、3、4 與 5，也有支援透過用物件導向的方式來呼叫 uuid 擴展（https://pecl.php.net/package/uuid）來產生 UUID 的字串，此套件將會在本書中的案例研究 4-1 用到。

HTTP 相關基礎與資源介紹

在本書的大量案例研究中，會大量使用到 HTTP 相關的機制來針對每個案例進行程式碼的實做，因此讀者需要對 HTTP 有一定的基礎才會對往後的章節在描述有關於 HTTP 機制與操作的部分會有一定程度的了解。以下為筆者所推薦 HTTP 相關資源。

- HTTP 基礎與介紹

  網址：https://developer.mozilla.org/zh-TW/docs/Web/HTTP 此網站提供 HTTP 基本的介紹外，另外還有提供 cookie、狀態碼、快取（cache）機制、標頭（header）、網頁安全以及存取控制（Access Control）等個別特性的介紹。

- HTTPS 基礎與介紹 1

  網址：https://www.websecurity.digicert.com/zh/tw/security-topics/what-is-ssl-tls-https

  此網站為 DigiCert 這間發放憑證公司的其中一篇部落格文章，並對於 HTTPS 有基本介紹，並同時也對 SSL 與 TLS 兩者進行了基本的描述與介紹，讓讀者對於 HTTPS 有基本的了解。

- HTTPS 基礎與介紹 2

  網址：https://www.cloudflare.com/zh-tw/learning/ssl/what-is-https/

  此網站文章為 Cloudflare 所撰寫的，內容也是在介紹 HTTPS 的概念，以及相關的機制，並與 HTTP 做了一個比較。

Contents
目錄

01 名詞解釋與環境建置

02 案例研究 1-1 學校網站

03 案例研究 1-2 學校網站

04 案例研究 2-1 課程查詢網站

05 案例研究 3-1 證券網站

06 案例研究 4-1 超商雲端列印網站

07 案例整合

08 進階爬蟲技術介紹

09 案例研究 5-1 購物網站

10 案例研究 5-2 網路廣播網站

A 附錄

本書範例檔案請至以下網址下載：

https://github.com/peter279k/php_crawler_lab

請參考附錄安裝 VirtualBox 以建置適合運行的環境。

01

名詞解釋與環境建置

我們需要了解網路爬蟲、蜘蛛以及機器人等這些名詞的解釋,以及往後章節所用到的開發環境建置與介紹。

網路爬蟲、蜘蛛以及機器人之名詞解釋

網路爬蟲,我相信各位不會陌生,依照維基百科所提供的解釋,指的是:在網際網路上透過一定的規則進行爬取的網頁中的內容,這樣的行為就可以叫做「網路爬蟲」,通常這類的程式或是工具會依照下面的行為執行在指定的頁面下面爬取指定網頁中的資料與內容以及檢測指定的頁面是否有改變,當有改變的時候再進行指定的動作並執行研擬如何在網路伺服器上避免過度存取網頁上的內容導致被發現或是過濾掉,而為了加快爬蟲的速度,會設計同步抓取網頁上的內容等並行架構。而網路蜘蛛與網路爬蟲的概念類似,蜘蛛也有另外一個目的,與網路爬蟲不一樣,蜘蛛比較著重在每個網頁上的 meta data 與網頁內容中的關鍵字,因此蜘蛛常用於網路搜尋引擎建置資料時使用;通常網路蜘蛛會對於網站做深度優先等爬取內容。而這就是與爬蟲不一樣的地方。網路機器人則是建置在網路爬蟲之上的應用,當有網路爬蟲之後,自然會有延伸的應用出來,例如我們想要監控某個網頁中的消息,當消

息達成什麼狀態或是改變的時候，需要做即時的通知，這時候就會與其他通知的服務串接起來，例如簡訊相關 API 服務，或是寄信 API 服務抑或是即時訊息的推播，如聊天機器人 API 等，這整個合在一起我們就可以稱作「網路機器人」。在本文章之章節中，不會著重在網路蜘蛛的開發與設計技巧，而是著重在「網路爬蟲」設計與開發，還有整合相關服務變成「網路機器人」的技巧上面，一方面來說比較貼近個人生活之外，也是比較實用的部份，也期許 PHP 開發者的讀者能夠在這些演練的課程之後，有能力可以自行開發自己想要的網路爬蟲並整合成屬於讀者自己的網路機器人。

參考資料

- 網路爬蟲維基百科介紹
  - https://zh.wikipedia.org/wiki/%E7%B6%B2%E8%B7%AF%E7%88%AC%E8%9F%B2

- 搜尋引擎原理 -- 網路蜘蛛與自動搜索機器人介紹
  - https://webdesign.wedo.com.tw/knowledge-articles/35-internet-knowledge/112-websitedesignarticle-34

- meta tag
  - https://www.w3schools.com/tags/tag_meta.asp

建置網路爬蟲與機器人所需要的開發環境

環境介紹

在網路爬蟲開發環境方面，為了讓讀者可以更容易專注在案例研討與研究上面，開發環境選用的部份會以 Docker 作為建置開發環境的基礎，一方面讓讀者環境較容易建置起來之外，也可以讓讀者不必花較多的時間在處理環境建置上，若讀者不熟 Docker 是什麼的話，在本章節後面所附的參考資料會有 Docker 相關資源介紹的網站以及安裝 Docker 的方法供讀者們作參考，若讀者對 Docker 建置鏡像 image 不熟的話，可以參考使用附在附錄中的「使用 VirtualBox 建置爬蟲環境虛擬機器」。

以下是本次爬蟲會需要用的 Dockerfile：

```
01   FROM ubuntu:20.04
02
03   RUN export DEBIAN_FRONTEND=noninteractive DEBCONF_NONINTERACTIVE_SEEN=true
     && apt-get update \
04   && apt-get install -y tzdata \
05   && ln -fs /usr/share/zoneinfo/Asia/Taipei /etc/localtime \
06   && dpkg-reconfigure --frontend noninteractive tzdata \
07   && apt-get install -y software-properties-common gpg-agent --no-install-
     recommends --no-install-suggests \
08   && LC_ALL=C.UTF-8 add-apt-repository -y ppa:ondrej/php \
09   && apt-get update \
10   && apt-get install -y unzip wget curl apt-transport-https apt-utils curl git-
     core php7.4-cli php7.4-curl --no-install-recommends --no-install-suggests \
11   && apt-get install -y php7.4-xml php7.4-dom php7.4-xsl php7.4-json php7.4-
     mbstring php7.4-zip php7.4-uuid --no-install-recommends --no-install-suggests \
12   && apt-get install -y libcurl3-openssl-dev tesseract-ocr libtesseract-dev
     --no-install-recommends --no-install-suggests \
13   && echo "deb [arch=amd64] http://dl.google.com/linux/chrome/deb/ stable
     main"| tee /etc/apt/sources.list.d/google-chrome.list \
14   && wget https://dl.google.com/linux/linux_signing_key.pub \
15   && apt-key add linux_signing_key.pub && rm -f linux_signing_key.pub \
```

```
16   && apt-get update && apt-get install -y google-chrome-stable --no-install-
     recommends --no-install-suggests \
17   && apt-get clean \
18   && cd /root/ \
19   && curl -sS https://getcomposer.org/installer | php \
20   && php ~/composer.phar require guzzlehttp/guzzle:^6.2 -n \
21   && php ~/composer.phar require symfony/dom-crawler:^4.3 -n \
22   && php ~/composer.phar require symfony/css-selector:^4.3 -n \
23   && php ~/composer.phar require ramsey/uuid:^4.1 -n \
24   && php ~/composer.phar require nesbot/carbon:^2.43 -n \
25   && php ~/composer.phar require thiagoalessio/tesseract_ocr:^2.9 -n \
26   && php ~/composer.phar require nesk/puphpeteer:^2.0 -n \
27   && php ~/composer.phar require chrome-php/chrome:^0.8 -n \
28   && echo insecure >> $HOME/.curlrc \
29   && curl -sL https://raw.githubusercontent.com/creationix/nvm/v0.35.0/
     install.sh | bash \
30   && bash -c "source ./.nvm/nvm.sh && nvm install --lts && npm install
     @nesk/puphpeteer"
31
32   WORKDIR /root/
```

透過上述的 Dockerfile 的每個步驟可以得知：

■ 首先，先建立一個基本的 Ubuntu 20.04 根檔案系統 (root file system) 並
安裝所需要的 PHP 版本之外，還會安裝 tesseract-ocr libtesseract-dev 這
兩個套件（這在第八章會有詳細的介紹）。這裡使用的是 PHP 7.4，安裝
會用到的 PHP 擴展 (extensions)。

■ 接著下載 Composer，Composer 是一個相依管理 PHP 套件的工具，就如
同 Python 的 pip 以及 Node.js 的 NPM（Node Package Manager）一樣。

■ 下載完成之後，我們會安裝幾個我們會使用到的套件。第一個是
guzzlehttp/guzzle，這是幫助我們在發送 HTTP 請求的時候可以比較便
利，當然也可以使用原生的 PHP-cURL 函數做到，但是有時候大家還是
比較喜歡使用 Modren PHP 的現代化 PHP 以及 OOP 的物件導向方式呼
叫吧！

- 接著是安裝 symfony/dom-crawler 與 symfony/css-selector。一個是利用 DOM 的方式來找尋整個 HTML 結構的爬蟲，另外一個是使用 CSS 方式的選擇器找到我們指定的 HTML 元素與想要的內容。

- 到這裡，環境大致上已經建置完成了。當然，在 PHP 中還是有一些比較小眾套件也可以達到與 Guzzle 發送 HTTP 請求和 dom-crawler 一樣可以解析 HTML 內容的套件。

- 接下來的套件為 ramsey/uuid，此目的為產生一個 UUID 通用唯一辨識碼並用在案例研究 4-1，為了直接使用 PHP 外部所提供之 UUID 擴展，在使用 apt-get 指令安裝套件的時候，也順便將 php7.4-uuid 的套件給安裝起來，讓上述的套件可以直接呼叫與使用此擴展裡面所提供的函數來產生 UUID，而不是使用純 PHP 實做的方式來產生。

- 更詳細的 UUID 介紹，則會放在本章節最後面的參考資料以供讀者們參考。

- 最後一個套件為 thiagoalessio/tesseract_ocr，其目的是用來操作 tessercat 光學辨識引擎相關的指令更為便利的套件，因此底層為使用 PHP 內建函式 exec 等相關外部呼叫指令。（註：此套件預計在 3.0 版本開始支援直接使用 FFI（Foreign Function Interface）來載入外部的動態連結函式庫。）

- 安裝 Google Chrome 瀏覽器並用在一些案例研究中。

- 接著安裝 nesk/puphpeteer 套件，這個套件可以透過存取 Puppeteer 之 Node.js 函式庫，來達到操作 Google Chrome 瀏覽器的目的。接著安裝最後一個 PHP 套件：chrome-php/chrome，透過這個套件可以更優雅的遠端呼叫與操作 Google Chrome 瀏覽器。由於 nesk/puphpeteer 套件需要使用到 Puppeteer，因此需要安裝 NVM，而 NVM 全名是：「Node Version Manager」，此工具可以用來輕易的管理多個 Node.js 版本，而安裝好之後，安裝一個當前抓到的 Node.js 長期支援（LTS）版本之後，安裝 Node.js 套件：@nesk/puphpeteer，這樣就完成運行爬蟲環境的 Docker 鏡像了。

不過本篇文章中，筆者覺得還是著重在用一些比較熱門的套件上作為開發爬蟲的環境，至於其他的熱門小眾套件，不會在這一系列的教學文章中出現，而會不定期的在我的部落格文章以短篇技術文章發表的方式呈現。

寫好了 Dockerfile 之後，接下來就是編好 Docker image 鏡像的時候了，筆者先假設讀者作業系統是類 Unix，舉凡 MAC OS 任一 Linux 發行版本等上已經在安裝好 Docker 指令了，若沒有的話，可以參考文末之「參考資料」來進行 Docker 基本了解與安裝。

接著按照下面的步驟，即可以把本次系列文章中所要用到的開發環境給建置好了：

```
01  mkdir ithome-lab
02  cd ithome-lab
03
04  # using vim to create and edit Dockerfile
05  vim Dockerfile
06
07  docker build -t php_crawler .
08
09  # done.
```

在下一個章節，將會開始進入如何開發爬蟲與第一個爬蟲開發案例探討。

參考資料

- Ubuntu 作業系統安裝步驟（以 18.04 版本為例）
  - https://blog.xuite.net/yh96301/blog/341994889

- Ubuntu 作業系統安裝步驟（以 20.04 版本為例）
  - https://blog.xuite.net/yh96301/blog/242333268

- Docker 介紹與使用方式
  - https://www.docker.com

- 在不同 Ubuntu 版本安裝 Docker 方式介紹
  - https://www.digitalocean.com/community/tutorials/how-to-install-and-use-docker-on-ubuntu-16-04
  - https://www.digitalocean.com/community/tutorials/how-to-install-and-use-docker-on-ubuntu-18-04
  - https://www.digitalocean.com/community/tutorials/how-to-install-and-use-docker-on-ubuntu-20-04

- UUID, 通用唯一辨識碼
  - https://zh.wikipedia.org/wiki/%E9%80%9A%E7%94%A8%E5%94%AF%E4%B8%80%E8%AF%86%E5%88%AB%E7%A0%81#%E7%89%88%E6%9C%AC
  - https://jolicode.com/blog/uuid-generation-in-php
  - https://uuid.ramsey.dev/en/latest/introduction.html

02

案例研究 1-1 學校網站

經過了先前幾個章節有關於基本名詞解釋以及建置爬蟲開發環境課程，相信各位讀者對於這些已經有初步的了解了，接下來在第一個案例研究之前，我想先講一下有關爬蟲「設計」的部份。

擷取學校網站最新消息為例

首先，筆者要讀者們先試著回想一下，在大學的時候是不是大家都有一個經驗，就是會想要知道學校最新的訊息？通常都會在學校的網站上找尋這類的訊息。但是，有的時候我們不太可能有一個固定時間，一直上去學校網站觀看最新消息，因此我們會想到會不會有一個程式或是服務可以幫我們擷取我們想要的資料下來？因此這樣的一個案例究就誕生了，就是開發一個「擷取學校最新新聞」爬蟲。那筆者就以此學校為例子。首先，我們進去網站之後，會看到如下的畫面：

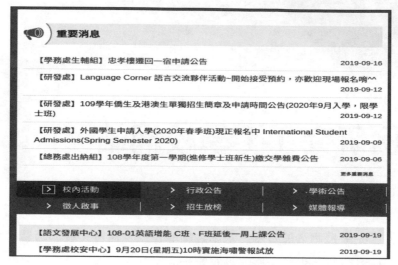

▲ 圖 1：學校首頁網站

從上面的截取圖片可以知道，有上下欄位有消息的地方，一個是「重要消息」，另一個是六個最新消息的分類。分別是「校內活動」，「行政公告」，「學術公告」，「徵人啟事」，「招生放榜」與「媒體報導」。接下來我們點選「重要消息」之後，我們會到這裡（https://www.nttu.edu.tw/p/422-1000-1009.php?Lang＝zh-tw　），如下圖所示：

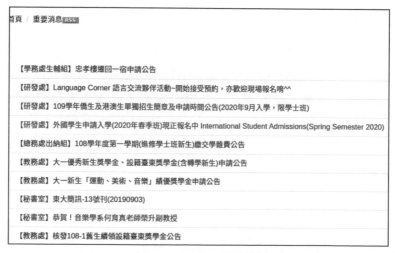

▲ 圖 2：學校消息列表網站

從上述的截圖中可以知道，這個最新消息頁面有「RSS」訂閱頻道以及重要消息的列表。其他的六個重要消息也是如同「重要消息」一樣，有對應的列表以及 RSS 訂閱頻道，而 RSS 是什麼東西呢？筆者在這裡做一個簡單的解釋，RSS 全名為 RDF Site Summary 或稱做 Really Simple Syndication，中文翻譯成簡易資訊聚合，也稱做聚合內容，是一種訊息來源格式的規範，並經常用於常發佈消息的網站，比如部落格、新聞以及音訊或是視訊的資訊摘要等，RSS 檔案格式以 XML 做為內容呈現的格式，有關於 RSS 更詳細的介紹連結，筆者會放到此文最的「參考資料」中。

由此可見，基本的爬蟲設計就會出來了。下列是爬蟲的兩種開發方式：

利用 RSS

1. 可以利用各個消息列表提供的 RSS 頻道進行擷取。
2. 找到每個消息網址連結的 RSS 頻道。
3. 請求每個 RSS 連結。
4. 解析每個回應的 RSS。
5. 得到每個消息種類的最新消息。

利用消息列表

- 發送 HTTP 請求拿到每個消息列表網址連結。
- 解析那些網址消息列表。
- 我們可以發現，每個頁面會透過 JavaScript AJAX 發送 HTTP POST 請求拿到分頁得消息資訊。

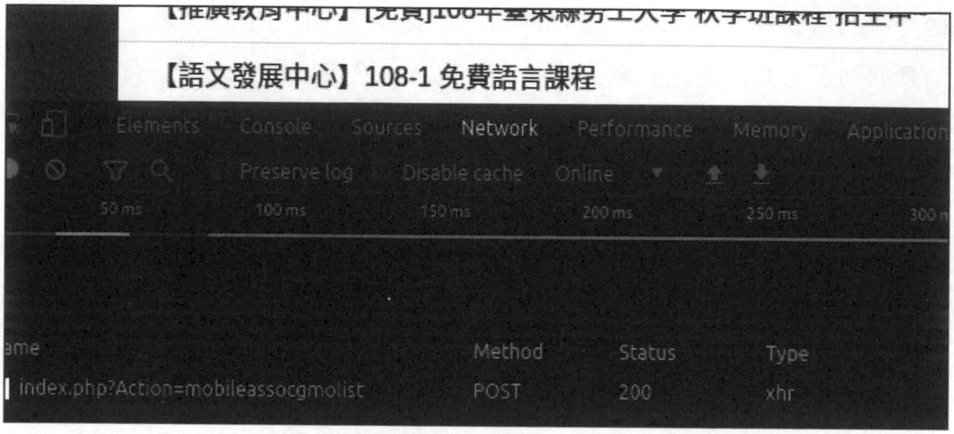

▲ 圖 3：瀏覽器開發者模式之 Network 分頁

從上圖得知，我們可以透過 Google Chrome 瀏覽器上按下 F12 按鍵打開的網頁開發控制台，找到當滾動到頁面最下面的時候，會再次發送請求，拿到下一個分頁的消息，如下圖就是每次發送 AJAX 請求所拿到的表單資料：

▲ 圖 4：開發者模式 AJAX 請求所發送的表單資料

接著，我們可以一直請求拿分頁拿到所有消息資料為止，每當拿到分頁消息，就解析資料。這兩種方式差異性是什麼？ RSS 方式只能抓到「最新」消息，沒有辦法儲存歷史的消息，當要追溯歷史訊息時，這個爬蟲就比較無法達成我們要的。那第二種就可以達到擷取歷史消息與公告，所以從上述簡易比較，我們可以知道「利用消息列表」爬蟲會是最好的選擇。

小結

- 從案例研究 1-1 可以知道，當我們要抓取學校的「最新消息」的分析與實做的方法。
- 在下一章節 1-2，就會實際的寫程式來實做這兩種方法來達成我們要的擷取最新消息爬蟲。

參考資料

- RSS
  - https://zh.wikipedia.org/zh-tw/RSS
  - http://www.lib.yuntech.edu.tw/~acq/acdnl/002/RSS/rss1.html

- Google Chrome F12
  - https://developers.google.com/web/tools/chrome-devtools?hl=zh-tw

- AJAX
  - https://zh.wikipedia.org/zh-tw/AJAX

- JavaScript
  - https://developer.mozilla.org/zh-TW/docs/Learn/JavaScript/First_steps/What_is_JavaScript

擷取學校網站之最新 RSS 消息實做

在前一篇文章中講爬蟲建置環境的部份，這時候就可以派上用場了。

首先，我們先透過下列的指令將先前已經建置好的 Docker 環境跑在背景：

```
01  # 停止與刪除 php_crawler 名稱避免啟動容器的時候出錯
02  docker stop php_crawler; docker rm php_crawler
03  # 將容器命名為 php_crawler 並將此容器跑在背景
04  docker run --name=php_crawler -it -d php_crawler bash
```

接著使用下列指令，來確認容器裡面有下列這些檔案：

```
01  docker exec php_crawler ls
02  composer.json  composer.lock  composer.phar  node_modules  package-lock.
    json  vendor
```

接著，試著使用 php -v 檢查是否有 PHP 版本存在。如果有的話，就會出現下面的字串。

```
01  docker exec php_crawler php -v
02  PHP 7.4.13 (cli) (built: Nov 28 2020 06:24:59) ( NTS )
03  Copyright (c) The PHP Group
04  Zend Engine v3.4.0, Copyright (c) Zend Technologies
05      with Zend OPcache v7.4.13, Copyright (c), by Zend Technologies
```

接著，在本地端開啟自己熟悉的程式編輯器，把下列的程式碼加入進去，並把程式名稱取名為「lab1-1.php」。

```
01  <?php
02
03  require_once __DIR__ . '/vendor/autoload.php';
04
05  use GuzzleHttp\Client;
06
07  $latestNews = 'https://www.nttu.edu.tw/p/503-1000-1009.php';
08  $client = new Client();
```

```
09    $response = $client->request('GET', $latestNews);
10
11    echo (string) $response->getBody();
```

接著，使用 docker ps 指令則會看到下面類似的列表。

```
01    docker ps
02    CONTAINER ID   IMAGE   COMMAND   CREATED   STATUS   PORTS   NAMES
03    fb9a6ce97828   php_crawler   "bash"   2 minutes ago   Up 2 minutes   php_crawler
```

就會得知，「php_crawler」是目前剛剛跑起來的 Docker container 的識別 id。接著我們用下列的指令把我們要的 PHP 檔案傳到 Docker container 裡面。

```
01    docker cp lab1-1.php   php_crawler:/root/
```

如果網路是通的話，我們就可以抓到下面完整的 RSS 頻道上的資料了。當然，每次抓到的都可能不一樣，原因是因為 RSS 頻道都會更新最新頻道訊息上去。下面的資料範例則是讓讀者們可以確認應該是要擷取到類似像這樣的資料集：

```
01    root@06f3a2a2f5e7:~# php lab1-1.php
02    <?xml version="1.0" encoding="utf-8" ?><rss version="2.0">
03    <channel version="2.0">
04    <title><![CDATA[ 臺東大學 - 重要消息 ]]></title>
05    <link><![CDATA[http://www.nttu.edu.tw]]></link>
06    <description><![CDATA[ 僅秘書室與人事室能發布置頂公告 ]]></description>
07    <language>utf-8</language>
08    <pubDate>2019-09-20 23:14:00</pubDate>
09    <lastBuildDate>2019-09-20 23:14:00</lastBuildDate>
10    <generator>HeimaVista.com inc </generator>
11    <item>
12    <title><![CDATA[【學務處課外組】107 學年度第 2 學期學業績優班級前三名獎學金申請公告 ]]>
      </title>
13    <link><![CDATA[https://wdsa.nttu.edu.tw/p/404-1009-51852.php]]></link>
14    <description><![CDATA[ 本獎學金與其它獎學金不衝突，無重覆請領疑慮 ]]></description>
15    <pubDate>2019-09-19 00:00:00</pubDate>
16    <author><![CDATA[ 學生事務處 ]]></author>
17    </item>
```

```
18  <item>
19  <title><![CDATA[【學務處生輔組】忠孝樓遷回一宿申請公告 ]]></title>
20  <link><![CDATA[https://wdsa.nttu.edu.tw/p/404-1009-91305.php]]></link>
21  <description><![CDATA[<p>108 學年度第一學期忠孝樓申請搬遷回一宿公告 </p>
22  <table border="0" cellpadding="0" cellspacing="0" style="border-
    collapse:collapse;width:328px;" width="327">
23  <colgroup>
24  <col style="width:85px;" />
25  <col style="width:243px;" />
26  </colgroup>
27  <tbody>
28  <tr height="68" style="height:68px;">
29  <td height="68" style="height:68px;width:85px;"> 說明 </td>
30  <td style="border-left:none;width:243px;"> 目前一宿因休學、退學、轉學、放棄住宿
    而釋出床位，因此開放忠孝樓學生申請搬回一宿 </td>
31  </tr>
32  <tr height="29" style="height:29px;">
33  <td height="29" style="height:29px;border-top:none;width:85px;"> 名額 </td>
34  <td style="border-top:none;border-left:none;width:243px;"> 女生 16 床男生 15 床
    </td>
35  </tr>
36  <tr height="22" style="height:22px;">
37  <td height="22" style="height:22px;border-top:none;width:85px;"> 房型 </td>
38  <td style="border-top:none;border-left:none;width:243px;">4 人房 </td>
39  </tr>
40  <tr height="44" style="height:44px;">
41  <td height="44" style="height:44px;border-top:none;width:85px;"> 申請時間 </td>
42  <td style="border-top:none;border-left:none;width:243px;">9 月 16 日中午 12 時
    00 分 ~9...</td></tr></tbody></table>]]></description>
43  <pubDate>2019-09-16 00:00:00</pubDate>
44  <author><![CDATA[ 學生事務處 ]]></author>
45  </item>
46  <item>
47  <title><![CDATA[【研發處】Language Corner 語言交流夥伴活動 ~ 開始接受預約，亦歡迎現
    場報名唷 ^^]]></title>
48  <link><![CDATA[https://rd.nttu.edu.tw/p/404-1007-91275.php]]></link>
49  <description><![CDATA[<div><strong><span style="color:#0000ff;"> <span
    style="font-size:1.625em;"><span style="background-color:#ffff00;"> 各位同學
    大家好：</span></span></span></strong></div>
50  <div><strong><span style="color:#0000ff;"><span style="font-size:1.625em;">
    <span style="background-color:#ffff00;"> 你們有學伴嗎？</span></span>
    </span></strong></div>
```

51　`<div><strong><span style="color:#0000ff;"><span style="font-size:1.625em;"> <span style="background-color:#ffff00;">`你們有外國學伴嗎？`</span></span></span></strong></div>`

52　`<div><strong><span style="color:#0000ff;"><span style="font-size:1.625em;"><span style="background-color:#ffff00;">`開學就是要交冰友～`</span></span></span></strong></div>`

53　`<div><strong><span style="color:#0000ff;"><span style="font-size:1.625em;"><span style="background-color:#ffff00;">`請到國際事務中心辦公室（行政大樓一樓電梯後面直直走）`</span></span></span></strong><strong><span style="color:#0000ff;"><span style="font-size:1.625em;"><span style="background-color:#ffff00;">`填寫你想要的參加的時段～`</span></span></span></strong></div>`

54　`<div><strong><span style="color:#0000ff;"><span style="font-size:1.625em;"><span style="background-color:#ffff00;"></span></span></span></strong><span style="font-size: 1.625em;"><stronq><span style="color:#0000ff;"><span style="background-color:#ffff00;">`快點來唷～`</span></span></strong></span></div>`

55　`<div><span style="font-size: 1.625em;"><br />`

56　`<span style="color:#ff0000;"><strong>`* 俄語與日語地點變更，請已預約的同學暨得到新地點喔！`</strong></span></span></div>`

57　`<div> </div>`

58　`<div> </div>`

59　`<div><span style="font-size:1.625em;"><strong>`洽詢電話：0...`</strong></span></div>]]></description>`

60　`<pubDate>2019-09-12 00:00:00</pubDate>`

61　`<author><![CDATA[`研發展處`]]></author>`

62　`</item>`

63　`<item>`

64　`<title><![CDATA[`【研發處】109 學年僑生及港澳生單獨招生簡章及申請時間公告 (2020 年 9 月入學，限學士班)`]]></title>`

65　`<link><![CDATA[https://rd.nttu.edu.tw/p/404-1007-91187.php]]></link>`

66　`<description><![CDATA[<p>`109 學年國立臺東大學僑生及港澳生單獨招生`</p>`

67　`<p>` 報名繳件時程：2019 年 10 月 4 日（五）上午 9:00 起至 11 月 15 日（五）下午 5:00 止`</p>`

68　`<p> </p>`

69　`<p>` 報名系統 Apply online:`<a href="http://isenroll.nttu.edu.tw/" title="` 報名系統 "> http://isenroll.nttu.edu.tw/`</a></p>`

70　`...]]></description>`

71　`<pubDate>2019-09-12 00:00:00</pubDate>`

72　`<author><![CDATA[`研究發展處`]]></author>`

73　`</item>`

74　`<item>`

75　`<title><![CDATA[`【研發處】外國學生申請入學 (2020 年春季班) 現正報名中 International Student Admissions(Spring Semester 2020)`]]></title>`

```
76  <link><![CDATA[https://rd.nttu.edu.tw/p/404-1007-91140.php]]></link>
77  <description><![CDATA[<div><strong><span style="color:#ff0000;"><span
    style="font-size:1.75em;">2020 春季班報名繳件截止日期　2019 年 9 月 29 日
    </span></span></strong></div>
78  <div> </div>
79  <div><span style="color:#ff0000;"><span style="font-size:1.5em;">
    <strong>Application Deadlines for Spring Semester : 29 September 2019</
    strong></span></span></div>
80  <div> </div>
81  <div> </div>
82  <div> </div>
83  <div><span style="color:#0000ff;"><strong><span style="font-size:1.5em;">
    報名系統 </span></strong></span></div>
84  <div><span style="color:#0000ff;"><strong><span style="font-size:1.5em;">
    Apply onlin...</span></strong></span></div>]]></description>
85  <pubDate>2019-09-09 00:00:00</pubDate>
86  <author><![CDATA[ 研究發展處 ]]></author>
87  </item>
88  <item>
89  <title><![CDATA[【總務處出納組】108 學年度第一學期（進修學士班新生）繳交學雜費公告 ]]>
    </title>
90  <link><![CDATA[https://dga.nttu.edu.tw/p/404-1008-91078.php]]></link>
91  <description><![CDATA[<p><iframe frameborder="0" height="800" scrolling=
    "no" src="/var/file/8/1008/img/375/206939753.pdf" width="100%...]]>
    </description>
92  <pubDate>2019-09-06 00:00:00</pubDate>
93  <author><![CDATA[ 總務處 ]]></author>
94  </item>
95  <item>
96  <title><![CDATA[【教務處】核發 108-1 舊生續領設籍臺東獎學金公告 ]]></title>
97  <link><![CDATA[https://aa.nttu.edu.tw/p/404-1002-90906.php]]></link>
98  <description><![CDATA[<p><iframe frameborder="0" height="850" scrolling="no"
    src="/var/file/2/1002/img/1351/500124601.pdf" width="100%"></iframe></p>]]>
    </description>
99  <pubDate>2019-09-04 00:00:00</pubDate>
100 <author><![CDATA[ 教務處 ]]></author>
101 </item>
102 <item>
103 <title><![CDATA[【教務處】大一優秀新生獎學金、設籍臺東獎學金（含轉學新生）申請公告 ]]>
    </title>
104 <link><![CDATA[https://aa.nttu.edu.tw/p/404-1002-90908.php]]></link>
105 <description><![CDATA[<p><iframe frameborder="0" height="850" scrolling=
```

```
       "no" src="/var/file/2/1002/img/1351/399377793.pdf" width="100%"></iframe>
       </p>]]></description>
106 <pubDate>2019-09-03 00:00:00</pubDate>
107 <author><![CDATA[ 教務處 ]]></author>
108 </item>
109 <item>
110 <title><![CDATA[【教務處】大一新生「運動、美術、音樂」績優獎學金申請公告 ]]></title>
111 <link><![CDATA[https://aa.nttu.edu.tw/p/404-1002-90907.php]]></link>
112 <description><![CDATA[<p><iframe frameborder="0" height="850" scrolling=
       "no" src="/ var/file/2/1002/img/1351/632824446.pdf" width="100%"></iframe>
       </p>]]></description>
113 <pubDate>2019-09-03 00:00:00</pubDate>
114 <author><![CDATA[ 教務處 ]]></author>
115 </item>
116 <item>
117 <title><![CDATA[【秘書室】東大簡訊 -13 號刊 (20190903)]]></title>
118 <link><![CDATA[https://enews.nttu.edu.tw/p/404-1045-90881.php]]></link>
119 <description><![CDATA[<p><iframe frameborder="0" height="900" scrolling=
       "no" src="https://enews.nttu.edu.tw/var/file/45/1045/img/740/433611221.
       pdf" width="100%"></iframe></p>]]></description>
120 <pubDate>2019-09-03 00:00:00</pubDate>
121 <author><![CDATA[ 東大新聞網 ]]></author>
122 </item>
123 </channel>
124 <html lang="zh-tw"></html></rss>
```

在下一個小節中，接著再把擷取下來的文章做解析吧！

參考資料

- HTTP GET method
  - https://developer.mozilla.org/zh-TW/docs/Web/HTTP/Methods
- RSS
  - https://zh.wikipedia.org/zh-tw/RSS
- Guzzle doc
  - http://docs.guzzlephp.org/en/stable/quickstart.html#using-responses

解析學校網站之最新 RSS 消息

解析步驟

首先，我們先打開終端機，並按照下列指令依序執行，將先前使用 Docker 建置的爬蟲開發環境：

```
01   # 停止與刪除 php_crawler 之名稱的容器並確認該容器已經沒有在運行
02   docker stop php_crawler; docker rm php_crawler
03   # 啟動爬蟲容器環境，並將容器取名為 php_crawler
04   docker run --name=php_crawler -it -d php_crawler bash
```

接著，開啟另一個終端的分頁，把前一章節的 lab1-1.php 改成下列的程式碼：

```php
01   <?php
02
03   require_once __DIR__ . '/vendor/autoload.php';
04
05   use GuzzleHttp\Client;
06   use Symfony\Component\DomCrawler\Crawler;
07
08   $latestNews = 'https://www.nttu.edu.tw/p/503-1000-1009.php';
09   $client = new Client();
10   $response = $client->request('GET', $latestNews);
11
12   $latestNewsString = (string)$response->getBody();
13
14   $crawler = new Crawler($latestNewsString);
15
16   $crawler = $crawler
17       ->filter('title')
18       ->reduce(function (Crawler $node, $i) {
19           echo $node->text();
20       });
```

改好之後，使用下列的指令將「lab1-1.php」檔案複製到 php_crawler 之容器中：

```
01   docker cp lab1-1.php  php_crawler:/root/
```

筆者註

上述的指令意思為，將當前目錄底下的「lab1-1.php」檔案複製到名為「php_crawler」的容器，並複製到使用者 root 的家目錄底下，當然，Docker 也可以在啟動容器的時候，將某個目錄利用 volume（-v 參數）掛載指定的目錄到容器裡對應的目錄，不過在這裡為了案例研究的方便，再加上本書並非 Docker 使用教學，因此往後的案例研究操作皆以「docker cp」的指令方式將需要檔案複製進運行的容器中。

接著，使用下列的指令，就會發現 lab1-1.php 已經複製進去了：

```
01   docker exec php_crawler ls
02   composer.json composer.lock composer.phar lab1-1.php node_modules
     package-lock.json vendor
```

程式碼的部份，可以跟前一章節的比較，可以發現加上了 $crawler 等部份，這意思是使用了 Symfony components 中的 DomCrawler 進行解析 RSS XML，並使用 DOM 的概念做解析，執行下列指令之後，就會拿到一堆的 title 標籤中的文字內容，如下這樣：

```
01   docker exec php_crawler php lab1-1.php
02   臺東大學 - 重要消息【學務處評外組】107 學年度第？學期學業績優班級前三名獎學金申請公告
     【學務處生輔組】忠孝樓遷回一宿申請公告【研發處】Language Corner 語言交流夥伴活動～
     開始接受預約，亦歡迎現場報名唷 ^^【研發處】109 學年僑生及港澳生單獨招生簡章及申請時間
     公告 (2020 年 9 月入學，限學士班 )【研發處】外國學生申請入學 (2020 年春季班 ) 現正報名
     中 International Student Admissions(Spring Semester 2020)【總務處出納組】108
     學年度第一學期 ( 進修學士班新生 ) 繳交學雜費公告【教務處】核發 108-1 舊生續領設籍臺東獎學
     金公告【教務處】大一優秀新生獎學金、設籍臺東獎學金 ( 含轉學新生 ) 申請公告【教務處】大一
     新生「運動、美術、音樂」績優獎學金申請公告【秘書室】東大簡訊 -13 號刊 (20190903)
```

下一章節將會介紹，介紹更進階的解析應用，比如：因為是 RSS 最新訊息最主要的是什麼？是「內容」,「訊息標題」,「訊息發佈時間」,「訊息連結」與「發佈訊息單位」,因此下一篇會介紹該如何從 RSS 訊息中擷取這四個訊息。

參考資料

- DOM
  - https://developer.mozilla.org/zh-TW/docs/Web/API/Document_Object_Model

- CSS_Selector
  - https://developer.mozilla.org/zh-TW/docs/Glossary/CSS_Selector

解析學校網站更多的 RSS 內容

在前一章節中，我們知道了該如何拿到「訊息標題」，但是這不算夠的，我認為要拿到下列才可以把訊息重要資訊擷取起來。本章節為示範擷取更多的 RSS 之內容，相關擷取的內容項目如下：

- 「內容」
- 「訊息標題」
- 「訊息發佈時間」
- 「訊息連結」
- 「發佈訊息單位」

那上面這些對應到 RSS 內容的標籤如下：

- description
- title
- pubDate
- link
- author

實做擷取

首先，我們先把好幾天前的爬蟲開發 Docker image 環境跑在背景並為其取個名字叫做「php_crawler」，為了怕「php_crawler」這個名字已經有用過了，我們可以使用下列的指令先把這個容器停止並將此名字做一個刪除，之後接著再運行環境：

```
01    docker stop php_crawler; docker rm php_crawler
02    docker run --name=php_crawler -d -it php_crawler bash
```

接著，使用 docker ps 查看我們的爬蟲開發環境已經在背景執行了，如果有
的話，可以看到類似下面的輸出訊息：

```
01   docker ps
02   CONTAINER ID   IMAGE          COMMAND     CREATED         STATUS        PORTS      NAMES
03   1eb1e04767b0   php_crawler    "bash"      3 seconds ago   Up 1 second              php_crawler
```

接著使用讀者自己熟悉的程式編輯器，打開「lab1-1.php」並把程式碼改成
下面的樣子：

```
01   <?php
02
03   require_once __DIR__ . '/vendor/autoload.php';
04
05   use GuzzleHttp\Client;
06   use Symfony\Component\DomCrawler\Crawler;
07
08   $latestNews = 'https://www.nttu.edu.tw/p/503-1000-1009.php';
09   $client = new Client();
10   $response = $client->request('GET', $latestNews);
11
12   $latestNewsString = (string)$response->getBody();
13
14   $titles = [];
15   $descriptions = [];
16   $pubDates = [];
17   $links = [];
18   $authors = [];
19
20   $crawler = new Crawler($latestNewsString);
21
22   $crawler
23      ->filter('title')
24      ->reduce(function (Crawler $node, $i) {
25          global $titles;
26          $titles[] = $node->text();
27      });
28
29   $crawler
```

```
30      ->filter('description')
31      ->reduce(function (Crawler $node, $i) {
32          global $descriptions;
33          $descriptions[] = $node->text();
34      });
35
36  $crawler
37      ->filter('pubDate')
38      ->reduce(function (Crawler $node, $i) {
39          global $pubDates;
40          $pubDates[] = $node->text();
41      });
42
43  $crawler
44      ->filter('link')
45      ->reduce(function (Crawler $node, $i) {
46          global $links;
47          $links[] = $node->text();
48      });
49
50  $crawler
51      ->filter('author')
52      ->reduce(function (Crawler $node, $i) {
53          global $authors;
54          $authors[] = $node->text();
55      });
56
57  var_dump($descriptions);
58  var_dump($pubDates);
59  var_dump($links);
60  var_dump($authors);
61  var_dump($titles);
```

接著把 lab1-1.php 複製進正在運行的 Docker container 中

```
01   docker cp lab1-1.php php_crawler:/root/
```

接著使用下列指令執行「lab1-1.php」。

```
01   docker exec php_crawler php lab1-1.php
```

接著就會看到下面的輸出結果：

```
01  array(11) {
02    [0]=>
03    string(45) "僅秘書室與人事室能發布置頂公告 "
04    [1]=>
05    string(61) "本獎學金與其它獎學金不衝突，無重覆請領疑慮 "
06    [2]=>
07    string(1165) "<p>108 學年度第一學期忠孝樓申請搬遷回一宿公告 </p>
08  <table border="0" cellpadding="0" cellspacing="0" style="border-collapse:
    collapse;width:328px;" width="327">
09  <colgroup>
10  <col style="width:85px;" />
11  <col style="width:243px;" />
12  </colgroup>
13  <tbody>
14  <tr height="68" style="height:68px;">
15  <td height="68" style="height:68px;width:85px;"> 説明 </td>
16  <td style="border-left:none;width:243px;"> 目前一宿因休學、退學、轉學、放棄住宿
    而釋出床位，因此開放忠孝樓學生申請搬回一宿 </td>
17  </tr>
18  <tr height="29" style="height:29px;">
19  <td height="29" style="height:29px;border-top:none;width:85px;"> 名額 </td>
20  <td style="border-top:none;border-left:none;width:243px;"> 女生 16 床男生 15 床
    </td>
21  </tr>
22  <tr height="22" style="height:22px;">
23  <td height="22" style="height:22px;border-top:none;width:85px;"> 房型 </td>
24  <td style="border-top:none;border-left:none;width:243px;">4 人房 </td>
25  </tr>
26  <tr height="44" style="height:44px;">
27  <td height="44" style="height:44px;border-top:none;width:85px;"> 申請時間 </td>
28  <td style="border-top:none;border-left:none;width:243px;">9 月 16 日中午 12 時
    00 分 ~9...</td></tr></tbody></table>"
29    [3]=>
30    string(1731) "<div><strong><span style="color:#0000ff;"><span style=
    "font-size:1.625em;"><span style="background-color:#ffff00;"> 各位同學大家好:
    </span></span></span></strong></div>
31  <div><strong><span style="color:#0000ff;"><span style="font-size:1.625em;">
    <span style="background-color:#ffff00;"> 你們有學伴嗎？ </span></span></span>
    </strong></div>
```

```
32  <div><strong><span style="color:#0000ff;"><span style="font-size:1.625em;">
    <span style="background-color:#ffff00;">你們有外國學伴嗎？</span></span></span>
    </strong></div>
33  <div><strong><span style="color:#0000ff;"><span style="font-size:1.625em;">
    <span style="background-color:#ffff00;">開學就是要交冰友～</span></span></span>
    </strong></div>
34  <div><strong><span style="color:#0000ff;"><span style="font-size:1.625em;">
    <span style="background-color:#ffff00;">請到國際事務中心辦公室 (行政大樓一樓電梯
    後面直直走)</span></span></span></strong><strong><span style="color:#0000ff;">
    <span style="font-size:1.625em;"><span style="background-color:#ffff00;">
    填寫你想要的參加的時段~</span></span></span></strong></div>
35  <div><strong><span style="color:#0000ff;"><span style="font-size:1.625em;">
    <span style="background-color:#ffff00;"></span></span></span></strong>
    <span style="font-size: 1.625em;"><strong><span style="color:#0000ff;">
    <span style="background-color:#ffff00;">快點來唷～</span></span></strong>
    </span></div>
36  <div><span style="font-size: 1.625em;"><br />
37  <span style="color:#ff0000;"><strong>* 俄語與日語地點變更，請已預約的同學暨得到新
    地點喔！</strong></span></span></div>
38  <div> </div>
39  <div> </div>
40  <div><span style="font-size:1.625em;"><strong>洽詢電話：0...</strong></span>
    </div>"
41    [4]=>
42    string(303) "<p>109 學年國立臺東大學僑生及港澳生單獨招生 </p>
43  <p> 報名繳件時程：2019 年 10 月 4 日 (五) 上午 9:00 起至 11 月 15 日 (五) 下午 5:00 止 </p>
44  <p> </p>
45  <p> 報名系統 Apply online:<a href="http://isenroll.nttu.edu.tw/" title=" 報名
    系統 "> http://isenroll.nttu.edu.tw/</a></p>
46  ..."
47    [5]=>
48    string(637) "<div><strong><span style="color:#ff0000;"><span style=
    "font-size:1.75em;">2020 春季班報名繳件截止日期　2019 年 9 月 29 日 </span></span>
    </strong></div>
49  <div> </div>
50  <div><span style="color:#ff0000;"><span style="font-size:1.5em;"><strong>
    Application Deadlines for Spring Semester : 29 September 2019</strong></span>
    </span></div>
51  <div> </div>
52  <div> </div>
53  <div> </div>
```

```
54   <div><span style="color:#0000ff;"><strong><span style="font-size:1.5em;">
     報名系統 </span></strong></span></div>
55   <div><span style="color:#0000ff;"><strong><span style="font-size:1.5em;">
     Apply onlin...</span></strong></span></div>"
56     [6]=>
57     string(114) "<p><iframe frameborder="0" height="800" scrolling="no" src="/
     var/file/8/1008/img/375/206939753.pdf" width="100%..."
58     [7]=>
59     string(127) "<p><iframe frameborder="0" height="850" scrolling="no" src="/
     var/file/2/1002/img/1351/500124601.pdf" width="100%"></iframe></p>"
60     [8]=>
61     string(127) "<p><iframe frameborder="0" height="850" scrolling="no" src="/
     var/file/2/1002/img/1351/399377793.pdf" width="100%"></iframe></p>"
62     [9]=>
63     string(128) "<p><iframe frameborder="0" height="850" scrolling="no" src="/
     var/file/2/1002/img/1351/632824446.pdf" width="100%"></iframe></p>"
64     [10]=>
65     string(152) "<p><iframe frameborder="0" height="900" scrolling="no" src=
     "https://enews.nttu.edu.tw/var/file/45/1045/img/740/433611221.pdf" width=
     "100%"></iframe></p>"
66   }
67   array(11) {
68     [0]=>
69     string(19) "2019-09-22 13:48:05"
70     [1]=>
71     string(19) "2019-09-19 00:00:00"
72     [2]=>
73     string(19) "2019-09-16 00:00:00"
74     [3]=>
75     string(19) "2019-09-12 00:00:00"
76     [4]=>
77     string(19) "2019-09-12 00:00:00"
78     [5]=>
79     string(19) "2019-09-09 00:00:00"
80     [6]=>
81     string(19) "2019-09-06 00:00:00"
82     [7]=>
83     string(19) "2019-09-04 00:00:00"
84     [8]=>
85     string(19) "2019-09-03 00:00:00"
86     [9]=>
```

```
87     string(19) "2019-09-03 00:00:00"
88     [10]=>
89     string(19) "2019-09-03 00:00:00"
90   }
91   array(11) {
92     [0]=>
93     string(22) "http://www.nttu.edu.tw"
94     [1]=>
95     string(45) "https://wdsa.nttu.edu.tw/p/404-1009-51852.php"
96     [2]=>
97     string(45) "https://wdsa.nttu.edu.tw/p/404-1009-91305.php"
98     [3]=>
99     string(43) "https://rd.nttu.edu.tw/p/404-1007-91275.php"
100    [4]=>
101    string(43) "https://rd.nttu.edu.tw/p/404-1007-91187.php"
102    [5]=>
103    string(43) "https://rd.nttu.edu.tw/p/404-1007-91140.php"
104    [6]=>
105    string(44) "https://dga.nttu.edu.tw/p/404-1008-91078.php"
106    [7]=>
107    string(43) "https://aa.nttu.edu.tw/p/404-1002-90906.php"
108    [8]=>
109    string(43) "https://aa.nttu.edu.tw/p/404-1002-90908.php"
110    [9]=>
111    string(43) "https://aa.nttu.edu.tw/p/404-1002-90907.php"
112    [10]=>
113    string(46) "https://enews.nttu.edu.tw/p/404-1045-90881.php"
114  }
115  array(10) {
116    [0]=>
117    string(15) " 學生事務處 "
118    [1]=>
119    string(15) " 學生事務處 "
120    [2]=>
121    string(15) " 研究發展處 "
122    [3]=>
123    string(15) " 研究發展處 "
124    [4]=>
125    string(15) " 研究發展處 "
126    [5]=>
127    string(9) " 總務處 "
```

```
128     [6]=>
129     string(9) "教務處"
130     [7]=>
131     string(9) "教務處"
132     [8]=>
133     string(9) "教務處"
134     [9]=>
135     string(15) "東大新聞網"
136  }
137  array(11) {
138     [0]=>
139     string(27) "臺東大學 – 重要消息"
140     [1]=>
141     string(94) "【學務處課外組】107 學年度第 2 學期學業績優班級前三名獎學金申請公告"
142     [2]=>
143     string(57) "【學務處生輔組】忠孝樓遷回一宿申請公告"
144     [3]=>
145     string(103) "【研發處】Language Corner 語言交流夥伴活動～開始接受預約，亦歡迎現
        場報名唷 ^^"
146     [4]=>
147     string(115) "【研發處】109 學年僑生及港澳生單獨招生簡章及申請時間公告 (2020 年 9 月
     入學，限學士班 )"
148     [5]=>
149     string(127) "【研發處】外國學生申請入學 (2020 年春季班 ) 現正報名中 International
     Student Admissions(Spring Semester 2020)"
150     [6]=>
151     string(92) "【總務處出納組】108 學年度第一學期（進修學士班新生）繳交學雜費公告"
152     [7]=>
153     string(65) "【教務處】核發 108-1 舊生續領設籍臺東獎學金公告"
154     [8]=>
155     string(95) "【教務處】大一優秀新生獎學金、設籍臺東獎學金（含轉學新生）申請公告"
156     [9]=>
157     string(84) "【教務處】大一新生「運動、美術、音樂」績優獎學金申請公告"
158     [10]=>
159     string(46) "【秘書室】東大簡訊 –13 號刊 (20190903)"
160  }
```

期待的結果跟內容其實都有寫到指定的陣列裡面去了，那會看到 description
標籤內容的部份，每個擷取出來的訊息內容仍有大量的「HTML」標籤
的內容。為什麼？原因是回去看 RSS 消息內容，可以發現 RSS 在對於

「description」標籤中，直接把內容與含有「HTML」標籤全部塞進去。如果要再從這些「HTML」標籤擷取只有文字的訊息說明，如果不想做二次解析，可以考慮把所有的「HTML」標籤移除，那我們把在「lab1-1.php」的程式碼中負責解析「description」標籤的程式改成下面這樣：

```php
01  <?php
02
03  require_once __DIR__ . '/vendor/autoload.php';
04
05  use GuzzleHttp\Client;
06  use Symfony\Component\DomCrawler\Crawler;
07
00  $latestNews = 'https://www.nttu.edu.tw/p/503-1000-1009.php';
09  $client = new Client();
10  $response = $client->request('GET', $latestNews);
11
12  $latestNewsString = (string)$response->getBody();
13
14  $descriptions = [];
15  $crawler = new Crawler($latestNewsString);
16
17  $crawler
18      ->filter('description')
19      ->reduce(function (Crawler $node, $i) {
20          global $descriptions;
21          $descriptions[] = str_replace([" ", "\n", "\r", "\t"], "", strip_
    tags($node->text()));
22      });
23
24  var_dump($descriptions);
```

注意到了嘛？：可以發現我們使用了 PHP 之「strip_tags」內建函式把所有的「HTML」標籤移除並使用 str_replace 函式把內容中的 \r、\n、\t 以及空白等字元都替換成空字串。

接著就會變成下面的輸出結果：

```
01   array(11) {
02     [0]=>
03     string(45) " 僅秘書室與人事室能發布置頂公告 "
04     [1]=>
05     string(61) " 本獎學金與其它獎學金不衝突，無重覆請領疑慮 "
06     [2]=>
07     string(266) "108 學年度第一學期忠孝樓申請搬遷回一宿公告說明目前一宿因休學、退學、
       轉學、放棄住宿而釋出床位，因此開放忠孝樓學生申請搬回一宿名額女生 16 床男生 15 床房型 4
       人房申請時間 9 月 16 日中午 12 時 00 分 ~9..."
08     [3]=>
09     string(333) " 各位同學大家好：你們有學伴嗎？你們有外國學伴嗎？開學就是要交冰友～
       請到國際事務中心辦公室（行政大樓一樓電梯後面直直走）填寫你想要的參加的時段 ~ 快點來唷～ *
       俄語與日語地點變更，請已預約的同學暨得到新地點喔！   洽詢電話：0..."
10     [4]=>
11     string(204) "109 學年國立臺東大學僑生及港澳生單獨招生報名繳件時程：2019 年 10 月 4 日
       （五）上午 9:00 起至 11 月 15 日（五）下午 5:00 止  報名系統 Applyonline:http://
       isenroll.nttu.edu.tw/..."
12     [5]=>
13     string(161) "2020 春季班報名繳件截止日期 2019 年 9 月 29 日 ApplicationDeadlines
       forSpringSemester:29September2019   報名系統 Applyonlin..."
14     [6]=>
15     string(0) ""
16     [7]=>
17     string(0) ""
18     [8]=>
19     string(0) ""
20     [9]=>
21     string(0) ""
22     [10]=>
23     string(0) ""
24   }
```

其他的擷取方式也是相同的，就不再這邊贅述，剩下的交由讀者們自行
練習。

在此學校網站中有類似的新聞網址如下列清單：

- 校內活動 RSS
  - https://www.nttu.edu.tw/p/503-1000-1021.php

- 行政公告 RSS
  - https://www.nttu.edu.tw/p/503-1000-1010.php

- 學術公告 RSS
  - https://www.nttu.edu.tw/p/503-1000-1012.php

- 徵人啟事 RSS
  - https://www.nttu.edu.tw/p/503-1000-1011.php

- 招生放榜 RSS
  - https://wwwttu.edu.tw/p/503-1000-1013.php

- 媒體報導 RSS
  - https://enews.ntu.edu.tw/p/427-1045-923.php

下一篇章節，筆者要探討的是，如果直接要擷取每個消息歷史訊息呢？因為 RSS 中只能擷取到最新消息，無法滿足要擷取到歷史訊息的需求，因此後面幾天就會變成討論該如何直接解析每個訊息分類中所有的訊息列表。

參考資料

- strip_tags
  - https://www.php.net/strip-tags
- str_replace
  - https://www.php.net/manual/en/function.str-replace.php

案例研究 1-2 學校網站

從前幾天可以知道從 RSS 拿出我們要的訊息，那接下來就是要拿到不是從 RSS 頻道中的歷史訊息方法了。

擷取所有學校網站消息為例之分析方法

首先，可以發現到當 Google Chrome 瀏覽器載入 https://enews.nttu.edu.tw/p/403-1045-923-1.php?Lang＝zh-tw 網址之頁面時候，當滑鼠移到頁面的最底端，會發現變成下面這張圖：

:: 【媒體報導】文化拓航逐步開拓 原住民族語推廣教育 (20201225 恆春新聞網)		2020-12-26
:: 【媒體報導】促進產官合作 臺東大學辦理友善環境農業共好座談會 (20201224 國立教育廣播電臺/20201225 自由時報/ 20201226 更生日報)	2020-12-25
:: 【媒體報導】國臺語都能通 東大學生創作有聲繪本《風颱真恐怖》(20201221 國立教育廣播電臺)		2020-12-22
:: 【媒體報導】開啟循環經濟產業視野 臺東大學舉辦社企議題松 (20201218 國立教育廣播電臺/20201224 更生日報)		2020-12-21
:: 【媒體報導】國立臺東大學參與世界綠色大學評比獲得105名(20201221 國立教育廣播電台 /20201219 聯合報 / 20201219 自由時報)	2020-12-21
:: 【媒體報導】臺東大學協助原住民部落文化復振 獲原民會頒有功單位 (20201215 台灣新生報 /20201214 更生日報)	2020-12-15
:: 【媒體報導】執行高教深耕計畫 東大人文學院辦成果展 (20201212 更生日報)		2020-12-14
:: 【媒體報導】臺東大學數媒系 數位斜槓人才的搖籃 (English OK 中學英閱誌 第24期/20201221 聯合新聞網)	2020-12-11
:: 【媒體報導】高中英聽測驗明天登場 考生須戴口罩量額溫 (20201211 更生日報/ 20201200 聯合報)	2020-12-11
:: 【媒體報導】台東大學學生替部落為事 製作創意稻草人趕鳥 (20201209 ...)		2020-12-11
:: 【媒體報導】台東「2020南島國際美術獎」啟動 邀11藝術家駐村創作 (20...聯合報/ 20201210 自由時報)	2020-12-10
:: 【媒體報導】翻轉教學呈現方式 臺東大學建置虛擬數位攝影棚 (20201208...教育廣播電臺)	2020-12-09
:: 【媒體報導】台東數位典藏發表會登場 數位呈現耆老手稿 (20201205 原視族語新聞)	2020-12-07
:: 【媒體報導】東大人文學院高教深耕成果展 7系所打造嶄新人文場景 (20201207 國立教育廣播電臺)	2020-12-07
:: 【媒體報導】台東大學高教深耕計畫 呈現微專題、跨領域創新教學多元成果 (20201205 自由時報/經濟日報)	2020-12-07
:: 【媒體報導】大專棒聯/台東大學3比2險勝開南大學 7天7戰連勝排第一 (20201202 ETtoday)	2020-12-02

▲ 圖 5：頁面動態載入訊息畫面

過一陣子之後，後續的歷史訊息就會顯示在網頁上面了。由此可見，可以推斷出這個網頁在載入的模式是如下的方式：

- 網頁瀏覽器將此頁面進行載入。
- 當使用滑鼠將頁面往下捲動之後，則會出現「Loading」等字樣的載入圖示。
- 發送 AJAX 請求，並將回應的訊息渲染到頁面上面。

將上述的步驟試過一遍之後，可以發現此初步分析是正確的，並可以利用 F12 打開的網頁開發控制中的「Network」分頁發現，如下圖：

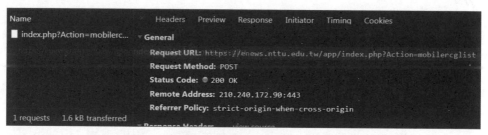

▲ 圖 6：開發者模式頁面之 Headers 分頁資訊

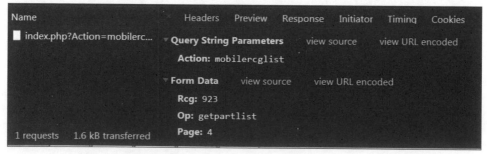

▲ 圖 7：開發者模式頁面之 Headers 分頁中之 Form Data 資訊

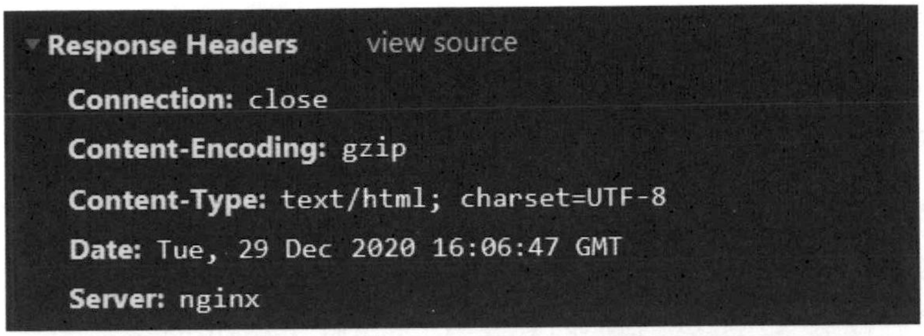

▲ 圖 8：開發者模式頁面之 Headers 分頁中之回應 Headers 資料

▲ 圖 9：開發者模式頁面之回應資料預覽畫面

可以從上面的四張圖片發現到下面幾件事情：

- 利用 POST 方法請求 https://enews.nttu.edu.tw/app/index.php?Action = mobilercglist 網址。
- 帶過去的參數 (Form Data) 為：
  - Rcg=923
  - IsTop=0
  - Op=getpartlist
  - Page=2
- 回應標頭寫內容型態是「text/html; charset = utf-8」。
- 但是從最後一張回應的內容來看，應該是「JSON」字串才對。

那如果是「校園點滴」的分類呢？利用上面方法分析，可以發現下面的行為：

- 利用 POST 方法請求 https://enews.nttu.edu.tw/p/412-1045-4040.php?Lang = zh-tw 網址。

- 帶過去的參數 (Form Data) 為：
  - Cg=4040
  - IsTop=0
  - Op=getpartlist
  - Page=2
- 其他的行為，如回應標頭與內容等與上面的一樣，沒有差別。

所以，我們可以歸納出如下的結論：

- 每一個訊息分類丟上去請求網址與方法相同。
- 用 POST 丟上去的資料不同，唯一差別的是，指定分類 (Cg) 之外，也有可能是 Rcg 以及分頁號碼 (Page)。

在下一章節中，我們就可以依照此章節所分析出的方法，來實做出下一章節所需要的各個訊息種類之所有訊息擷取器了。

參考資料

- AJAX
  - https://zh.wikipedia.org/wiki/AJAX

- POST method
  - https://developer.mozilla.org/zh-TW/docs/Web/HTTP/Methods

- Google Chrome devtools-Network
  - https://www.astralweb.com.tw/chrome-devtools-developer-tools-network/

擷取學校網站最新消息為例

前一章節提到，每個訊息分類可能載入的方式，因此在本章節文章則是要做以下的事情：

1. 以「最新消息」為例，把所有最新消息都擷取下來。
2. 搭配不同的「Form Data」的欄位值，並丟分頁試試不同的回應結果與內容。

實做擷取器之步驟如下：

首先，先將「php_crawler」容器停止並將名字刪除以避免後面啟動容器跳出名字衝突的錯誤，再將「php_crawler」Docker image 啟動，啟動的指令如下：

```
01   docker stop php_crawler; docker rm php_crawler
02   docker run --name=php_crawler -d -it php_crawler bash
```

接著，建立一個檔案叫做「lab1-2.php」並把下面的程式碼放進去。

```
01   <?php
02
03   require_once __DIR__ . '/vendor/autoload.php';
04
05   use GuzzleHttp\Client;
06   use Symfony\Component\DomCrawler\Crawler;
07
08   $latestNews = 'https://enews.nttu.edu.tw/app/index.php?Action=mobilercglist';
09   $client = new Client();
10   $formParams =  [
11      'form_params' => [
12         'RCg' => '1009',
13         'IsTop' => '0',
14         'Op' => 'getpartlist',
15         'Page' => '1',
16      ],
```

```
17    ];
18
19    $response = $client->request('POST', $latestNews, $formParams);
20
21    $latestNewsString = (string)$response->getBody();
22
23    var_dump($latestNewsString);
```

接著再用下面指令把「lab1-2.php」傳到運行的 Docker container 中。

接著再使用下列指令運行「lab1-2.php」。

```
01    docker exec -it php_crawler php lab1-2.php
```

接著就會得到類似下面回應的內容：

```
01    string(2855) "{"content":"\n\n\t<div class=\"row listBS\">\n\t\n\t\n\t\
02    t\n\t\t<div class=\"d-item d-title col-sm-12\">\n<div class=\"mbox\">\n\
03    t<div class=\"d-txt\">\n        <div class=\"mtitle\">\n\t\t\n\t\t\t<a
04    href=\"https:\/\/aa.nttu.edu.tw\/p\/404-1002-91667-1.php\">\n\t\t\t\t\
05    u3010\u6559\u52d9\u8655\u3011108\u5e74\u670805\u65e5\uff08\u516d\uff09\
06    u70ba\u88dc\u4e0a\u8ab2\u65e5\u901a\u77e5(108.09.23\u516c\u544a)\n\t\t\
07    t<\/a>\n\t\t\t\n\t\t\t<span class=\"subsitename newline\"><\/span>\n\t\
08    t<\/div>\n\t<\/div>\n\t\n<\/div>\n<\/div>\n\n\t\t<\/div><div class=\"row
09    listBS\">\n\t\n\t\t\n\t\t\t<div class=\"d-item d-title col-sm-12\">\n<div
10    class=\"mbox\">\n\t<div class=\"d-txt\">\n        <div class=\"mtitle\">\
11    n\t\t\t\n\t\t\t<a href=\"https:\/\/dga.nttu.edu.tw\/p\/404-1008-91751-1.
12    php\">\n\t\t\t\t\u3010\u7d3d\u52d9\u8655\u51fa\u7d0d\u7d44\u3011\u570b
13    u7acb\u81fa\u6771\u5927\u5b78108\u5b78\u5e74\u5ea6\u7b2c\u5b78\u671f
14    u7e73\u4ea4\u5b78\u5206\u8cbb\u516c\u544a\n\t\t\t<\/a>\n\t\t\t\n\t\t\
15    t<span class=\"subsitename newline\"><\/span>\n\t\t<\/div>\n\t<\/div>\
16    n\t\n<\/div>\n<\/div>\n\n\t\t<\/div><div class=\"row listBS\">\n\t\n\t\
17    t\n\t\t<div class=\"d-item d-title col-sm-12\">\n<div class=\"mbox\">\
18    n\t<div class=\"d-txt\">\n        <div class=\"mtitle\">\n\t\t\t\n\t\t\t\
19    t<a href=\"https:\/\/wdsa.nttu.edu.tw\/p\/404-1009-51852-1.php\">\n\t\
20    t\t\t\u3010\u5b78\u52d9\u8655\u8ab2\u5916\u7d44\u3011107\u5b78\u5e74\
21    u5ea6\u7b2c\u5b78\u671f\u5b78\u696d\u7e3e\u512a\u73ed\u7d1a\u524d\u4e09\
22    u540d\u734e\u5b78\u91d1\u7533\u8acb\u516c\u544a\n\t\t\t<\/a>\n\t\t\t\n\t\
23    t\t<span class=\"subsitename newline\"><\/span>\n\t\t<\/div>\n\t<\/div>\
24    n\t\n<\/div>\n<\/div>\n\n\t\t<\/div><div class=\"row listBS\">\n\t\n\t\t\
```

```
25   t\n\t\t<div class=\"d-item d-title col-sm-12\">\n<div class=\"mbox\">\
26   n\t<div class=\"d-txt\">\n      <div class=\"mtitle\">\n\t\t\n\t\t\
27   t<a href=\"https:\/\/rd.nttu.edu.tw\/p\/404-1007-91275-1.php\">\n\t\t\t\
28   t\u3010\u7814\u767c\u8655\u3011Language Corner \u8a9e\u8a00\u4ea4\u6d41\
29   u5925\u4f34\u6d3b\u52d5~\u958b\u59cb\u63a5\u53d7\u9810\u7d04\uff0c\u4ea6\
30   u6b61\u8fce\u73fe\u5834\u5831\u540d\u5537^^\n\t\t\t<\/a>\n\t\t\t\n\t\t\
31   t<span class=\"subsitename newline\"><\/span>\n\t\t<\/div>\n\t<\/div>\
32   n\t\n<\/div>\n<\/div>\n\n\t\t<\/div><div class=\"row listBS\">\n\t\n\t\
33   t\n\t\t<div class=\"d-item d-title col-sm-12\">\n<div class=\"mbox\">\
34   n\t<div class=\"d-txt\">\n      <div class=\"mtitle\">\n\t\t\n\t\t\
35   t<a href=\"https:\/\/rd.nttu.edu.tw\/p\/404-1007-91187-1.php\">\n\t\t\t\
36   t\u3010\u7814\u767c\u8655\u3011109\u5b78\u5e74\u50d1\u751f\u53ca\u6e2f\
37   u6fb3\u751f\u55ae\u7368\u62db\u751f\u7c21\u7ae0\u53ca\u7533\u8acb\u6642\
38   u9593\u516c\u544a(2020\u5e749\u6708\u5165\u5b78\uff0c\u9650\u5b78\u58eb\
39   u73ed)\n\t\t\t<\/a>\n\t\t\t\n\t\t\t<span class=\"subsitename newline\">
40   <\/span>\n\t\t<\/div>\n\t<\/div>\n\t\n<\/div>\n<\/div>\n\n\t\t\n\t\n\t<\/
41   div>\n\n\n\n","stat":null}"
```

從回應的內容來看，看起來像是回應 JSON 內容。所以在拿到回應的內容之後，需要利用 json_decode 函式解碼 JSON 之字串內容。如此一來便可以把上述的程式碼改成這樣即可解出訊息內容了。

```
01   $latestNews = 'https://www.nttu.edu.tw/app/index.php?Action=mobileassocgmolist';
02   $client = new Client();
03   $formParams =  [
04       'form_params' => [
05           'Cg' => '1009',
06           'IsTop' => '0',
07           'Op' => 'getpartlist',
08           'Page' => '1',
09       ],
10   ];
11
12   $response = $client->request('POST', $latestNews, $formParams);
13
14   $latestNewsString = (string)$response->getBody();
15   $latestNewsString = json_decode($latestNewsString, true);
16
17   var_dump($latestNewsString);
```

接著再重複上述的動作，把程式丟進運行的 container 並再執行一次，則會得到解析過後的中文訊息 Associative Array(關聯陣列) 內容了：

```
01  array(2) {
02    ["content"]=>
03    string(2021) "
04
05      <div class="row listBS">
06
07
08
09          <div class="d-item d-title col-sm-12">
10  <div class="mbox">
11      <div class="d-txt">
12        <div class="mtitle">
13
14              <a href="https://aa.nttu.edu.tw/p/404-1002-91667-1.php">
15                【教務處】108 年 10 月 05 日 (六) 為補上課日通知 (108.09.23 公告 )
16              </a>
17
18              <span class="subsitename newline"></span>
19          </div>
20        </div>
21
22  </div>
23  </div>
24
25          </div><div class="row listBS">
26
27
28          <div class="d-item d-title col-sm-12">
29  <div class="mbox">
30      <div class="d-txt">
31        <div class="mtitle">
32
33              <a href="https://dga.nttu.edu.tw/p/404-1008-91751-1.php">
34                【總務處出納組】國立臺東大學 108 學年度第 1 學期繳交學分費公告
35              </a>
36
37              <span class="subsitename newline"></span>
```

```
38          </div>
39      </div>
40
41  </div>
42  </div>
43
44          </div><div class="row listBS">
45
46
47          <div class="d-item d-title col-sm-12">
48  <div class="mbox">
49      <div class="d-txt">
50        <div class="mtitle">
51
52              <a href="https://wdsa.nttu.edu.tw/p/404-1009-51852-1.php">
53                  【學務處課外組】107 學年度第 2 學期學業績優班級前三名獎學金申請公告
54              </a>
55
56              <span class="subsitename newline"></span>
57          </div>
58      </div>
59
60  </div>
61  </div>
62
63          </div><div class="row listBS">
64
65
66          <div class="d-item d-title col-sm-12">
67  <div class="mbox">
68      <div class="d-txt">
69        <div class="mtitle">
70
71              <a href="https://rd.nttu.edu.tw/p/404-1007-91275-1.php">
72                  【研發處】Language Corner 語言交流夥伴活動～開始接受預約，亦歡迎現
    場報名唷 ^^
73              </a>
74
75              <span class="subsitename newline"></span>
76          </div>
77      </div>
```

```
78
79    </div>
80    </div>
81
82            </div><div class="row listBS">
83
84
85            <div class="d-item d-title col-sm-12">
86    <div class="mbox">
87        <div class="d-txt">
88          <div class="mtitle">
89
90                <a href="https://rd.nttu.edu.tw/p/404-1007-91187-1.php">
91                【研發處】109 學年僑生及港澳生單獨招生簡章及申請時間公告 (2020 年 9 月
     入學，限學士班 )
92                </a>
93
94                <span class="subsitename newline"></span>
95          </div>
96        </div>
97
98    </div>
99    </div>
100
101
102
103        </div>
104
105
106
107    "
108    ["stat"]=>
109    NULL
110  }
```

接著去看有沒有第 2 頁，把上面的 lab1-2.php 程式中的 $formParams 陣列變
數裡面的參數稍微改成如下：

```
01    $formParams =  [
02        'form_params' => [
```

```
03          'Cg' => '1009',
04          'IsTop' => '0',
05          'Op' => 'getpartlist',
06          'Page' => '2',
07      ],
08  ];
```

接著再重複上面的動作，把改好的 lab1-2.php 丟到現在正運行的 Docker container 中。

接著會得到下面的內容：

```
01  array(2) {
02    ["content"]=>
03    string(1991) "
04
05    <div class="row listBS">
06
07
08
09        <div class="d-item d-title col-sm-12">
10  <div class="mbox">
11     <div class="d-txt">
12       <div class="mtitle">
13
14            <a href="https://rd.nttu.edu.tw/p/404-1007-91140-1.php">
15            【研發處】外國學生申請入學 (2020 年春季班 ) 現正報名中 International
    Student Admissions(Spring Semester 2020)
16            </a>
17
18            <span class="subsitename newline"></span>
19         </div>
20     </div>
21
22  </div>
23  </div>
24
25        </div><div class="row listBS">
26
27
```

```
28              <div class="d-item d-title col-sm-12">
29  <div class="mbox">
30      <div class="d-txt">
31        <div class="mtitle">
32
33              <a href="https://dga.nttu.edu.tw/p/404-1008-91078-1.php">
34                  【總務處出納組】108 學年度第一學期（進修學士班新生）繳交學雜費公告
35              </a>
36
37              <span class="subsitename newline"></span>
38          </div>
39      </div>
40
41  </div>
42  </div>
43
44          </div><div class="row listBS">
45
46
47          <div class="d-item d-title col-sm-12">
48  <div class="mbox">
49      <div class="d-txt">
50        <div class="mtitle">
51
52              <a href="https://aa.nttu.edu.tw/p/404-1002-90908-1.php">
53                  【教務處】大一優秀新生獎學金、設籍臺東獎學金（含轉學新生）申請公告
54              </a>
55
56              <span class="subsitename newline"></span>
57          </div>
58      </div>
59
60  </div>
61  </div>
62
63          </div><div class="row listBS">
64
65
66          <div class="d-item d-title col-sm-12">
67  <div class="mbox">
68      <div class="d-txt">
69        <div class="mtitle">
```

```
70
71              <a href="https://aa.nttu.edu.tw/p/404-1002-90907-1.php">
72                  【教務處】大一新生「運動、美術、音樂」績優獎學金申請公告
73              </a>
74
75              <span class="subsitename newline"></span>
76          </div>
77      </div>
78
79 </div>
80 </div>
81
82          </div><div class="row listBS">
83
84
85          <div class="d-item d-title col-sm-12">
86 <div class="mbox">
87      <div class="d-txt">
88        <div class="mtitle">
89
90              <a href="https://enews.nttu.edu.tw/p/404-1045-90881-1.php">
91                  【秘書室】東大簡訊 -13 號刊 (20190903)
92              </a>
93
94              <span class="subsitename newline"></span>
95          </div>
96      </div>
97
98 </div>
99 </div>
100
101
102
103      </div>
104
105
106
107 "
108   ["stat"]=>
109   NULL
110 }
```

從本來頁面的完整訊息列表還是有些差距，因此研判還有第 3 頁，接著再次重複上述動作，只是把 Page 改成 3。

```
01   $formParams =  [
02       'form_params' => [
03           'Cg' => '1009',
04           'IsTop' => '0',
05           'Op' => 'getpartlist',
06           'Page' => '3',
07       ],
08   ];
```

接著拿到下面的內容：

```
01   array(2) {
02     ["content"]=>
03     string(759) "
04
05       <div class="row listBS">
06
07
08
09           <div class="d-item d-title col-sm-12">
10   <div class="mbox">
11       <div class="d-txt">
12         <div class="mtitle">
13
14               <a href="https://enews.nttu.edu.tw/p/404-1045-90876-1.php">
15                 【秘書室】恭賀！音樂學系何育真老師榮升副教授
16               </a>
17
18               <span class="subsitename newline"></span>
19           </div>
20       </div>
21
22   </div>
23   </div>
24
25           </div><div class="row listBS">
26
27
```

```
28              <div class="d-item d-title col-sm-12">
29  <div class="mbox">
30      <div class="d-txt">
31        <div class="mtitle">
32
33                <a href="https://aa.nttu.edu.tw/p/404-1002-90906-1.php">
34              【教務處】核發 108-1 舊生續領設籍臺東獎學金公告
35                </a>
36
37                <span class="subsitename newline"></span>
38          </div>
39      </div>
40
41  </div>
42  </div>
43
44
45
46      </div>
47
48
49
50  "
51    ["stat"]=>
52    string(4) "over"
53  }
```

到這裡，不曉得讀者們注意到了嘛？在回應的 JSON 內容中，stat 有寫分頁
的狀態，如果還有下一個分頁內容，則 stat 是 NULL，若已經是最後一個頁
面了，則是 over。

所以這邊可以總結一個很簡單的方法去把所有的訊息解析出來：

■ 可以在上述的程式中使用 while 條件迴圈，直到 stat 是 over 時，停止迴圈。
■ 在上述的條件迴圈之區塊中，則是進行解析指定的訊息種類中的分頁所
　有的訊息內容。

本章節已經完成前章節所提到方法，並完成實做。在下一篇之章節就是解析
訊息內容了。

解析所有學校網站消息為例

在前一章節，我們提到該如何拿到利用 AJAX 請求的訊息。那在這章節，我們要了解的是，該如何將擷取到的訊息做一個解析。

網頁內容解析步驟如下：

假設拿到的分頁資料是長下面的樣子：

```
01  array(2) {
02    ["content"]=>
03    string(1504) "
04
05      <div class="row listBS">
06
07
08
09          <div class="d-item d-title col-sm-12">
10  <div class="mbox">
11      <div class="d-txt">
12        <div class="mtitle">
13
14            <a href="https://aa.nttu.edu.tw/p/404-1002-90907-1.php">
15              【教務處】大一新生「運動、美術、音樂」績優獎學金申請公告
16            </a>
17
18            <span class="subsitename newline"></span>
19        </div>
20      </div>
21
22  </div>
23  </div>
24
25        </div><div class="row listBS">
26
27
28          <div class="d-item d-title col-sm-12">
29  <div class="mbox">
```

```
30      <div class="d-txt">
31        <div class="mtitle">
32
33              <a href="https://enews.nttu.edu.tw/p/404-1045-90881-1.php">
34                【秘書室】東大簡訊 -13 號刊 (20190903)
35              </a>
36
37              <span class="subsitename newline"></span>
38        </div>
39      </div>
40
41  </div>
42  </div>
43
44          </div><div class="row listBS">
45
46
47          <div class="d-item d-title col-sm-12">
48  <div class="mbox">
49      <div class="d-txt">
50        <div class="mtitle">
51
52              <a href="https://enews.nttu.edu.tw/p/404-1045-90876-1.php">
53                【秘書室】恭賀！音樂學系何育真老師榮升副教授
54              </a>
55
56              <span class="subsitename newline"></span>
57        </div>
58      </div>
59
60  </div>
61  </div>
62
63          </div><div class="row listBS">
64
65
66          <div class="d-item d-title col-sm-12">
67  <div class="mbox">
68      <div class="d-txt">
69        <div class="mtitle">
70
```

```
71                  <a href="https://aa.nttu.edu.tw/p/404-1002-90906-1.php">
72                  【教務處】核發 108-1 舊生續領設籍臺東獎學金公告
73                  </a>
74
75                  <span class="subsitename newline"></span>
76          </div>
77      </div>
78
79  </div>
80  </div>
81
82
83
84      </div>
85
86
87
88  "
89    ["stat"]=>
90    string(4) "over"
91  }
```

從前一篇章節可以知道，拿到的是回應的 JSON 字串，經過解析之後，會得到 associative array（以鍵 - 值之關聯陣列），如上面所示。

所以，接著要取 content 裡面的所有字串拿來做解析。

看完上面的 content 字串之後，筆者應該想知道該要拿到的訊息有什麼？筆者認為該拿到的訊息，為如下列表：

- 訊息標題
- 訊息連結

看起來所有的內容只有一個 a 標籤，所以可以直接解析 a 標籤的 text 與屬性出來。

從上述這樣情形來看，我們可以把上一章節的 lab1-2.php 稍微改一下，並改成下面的樣子：

```php
01  <?php
02
03  require_once __DIR__ . '/vendor/autoload.php';
04
05  use GuzzleHttp\Client;
06  use Symfony\Component\DomCrawler\Crawler;
07
08  $latestNews = 'https://www.nttu.edu.tw/app/index.php?Action=mobileassocgmolist';
09  $client = new Client();
10  $formParams = [
11      'form_params' => [
12          'Cg' => '1009',
13          'IsTop' => '0',
14          'Op' => 'getpartlist',
15          'Page' => '3',
16      ],
17  ];
18
19  $response = $client->request('POST', $latestNews, $formParams);
20
21  $latestNewsString = (string)$response->getBody();
22  $latestNewsString = json_decode($latestNewsString, true);
23  $content = $latestNewsString['content'];
24
25  $links = [];
26  $titles = [];
27  $crawler = new Crawler($content);
28
29  $crawler
30      ->filter('a')
31      ->reduce(function (Crawler $node, $i) {
32          global $titles;
33          global $links;
34          $titles[] = $node->text();
35          $links[] = $node->attr('href');
36      });
37
38  var_dump($links);
39  var_dump($titles);
```

並按照先前所提到的方式，將檔案進行複製到運行的容器中，下列為執行後之輸出結果：

```
01  array(4) {
02    [0]=>
03    string(45) "https://aa.nttu.edu.tw/p/404-1002-90907-1.php"
04    [1]=>
05    string(48) "https://enews.nttu.edu.tw/p/404-1045-90881-1.php"
06    [2]=>
07    string(48) "https://enews.nttu.edu.tw/p/404-1045-90876-1.php"
08    [3]=>
09    string(45) "https://aa.nttu.edu.tw/p/404-1002-90906-1.php"
10  }
11  array(4) {
12    [0]=>
13    string(93) "
14                    【教務處】大一新生「運動、美術、音樂」績優獎學金申請公告
15                "
16    [1]=>
17    string(55) "
18                    【秘書室】東大簡訊 -13 號刊 (20190903)
19                "
20    [2]=>
21    string(75) "
22                    【秘書室】恭賀！音樂學系何育真老師榮升副教授
23                "
24    [3]=>
25    string(74) "
26                    【教務處】核發 108-1 舊生續領設籍臺東獎學金公告
27                "
28  }
```

從上述的輸出內容中的訊息標題可以看到，有很多的空白，因此我們做一些處理把空白去掉。

所以就把上面的其中的一行有關擷取出文字的，改成下列形式：

```
01  $titles[] = str_replace(["  ", "\r", "\n"], "", $node->text());
```

這樣表示要把擷取出的訊息標題文字中的字元做替換，把全形空白，還有斷成新的一行之字元換成空字串。

那這樣輸出結果就會變成：

```
01   array(4) {
02     [0]=>
03     string(45) "https://aa.nttu.edu.tw/p/404-1002-90907-1.php"
04     [1]=>
05     string(48) "https://enews.nttu.edu.tw/p/404-1045-90881-1.php"
06     [2]=>
07     string(48) "https://enews.nttu.edu.tw/p/404-1045-90876-1.php"
08     [3]=>
09     string(45) "https://aa.nttu.edu.tw/p/404-1002-90906-1.php"
10   }
11   array(4) {
12     [0]=>
13     string(84) "【教務處】大一新生「運動、美術、音樂」績優獎學金申請公告 "
14     [1]=>
15     string(46) "【秘書室】東大簡訊 -13 號刊 (20190903)"
16     [2]=>
17     string(66) "【秘書室】恭賀！音樂學系何育真老師榮升副教授 "
18     [3]=>
19     string(65) "【教務處】核發 108-1 舊生續領設籍臺東獎學金公告 "
20   }
```

到這裡，解析訊息就大致上完成了。那如果要一直擷取訊息自到把指定的訊息分類都擷取完成呢？

可以改成下面這樣：

```
01   <?php
02
03   require_once __DIR__ . '/vendor/autoload.php';
04
05   use GuzzleHttp\Client;
06   use Symfony\Component\DomCrawler\Crawler;
07
08   $latestNews = 'https://www.nttu.edu.tw/app/index.php?Action=mobileassocgmolist';
```

```php
09    $client = new Client();
10
11    $links = [];
12    $titles = [];
13    $page = 1;
14    $stat = '';
15    while ($stat !== 'over') {
16        $formParams =  [
17            'form_params' => [
18                'Cg' => '1009',
19                'IsTop' => '0',
20                'Op' => 'getpartlist',
21                'Page' => (string) $page,
22            ],
23        ];
24
25        $response = $client->request('POST', $latestNews, $formParams);
26
27        $latestNewsString = (string)$response->getBody();
28        $latestNewsString = json_decode($latestNewsString, true);
29        $content = $latestNewsString['content'];
30        $stat = $latestNewsString['stat'];
31
32        $crawler = new Crawler($content);
33
34        $crawler
35            ->filter('a')
36            ->reduce(function (Crawler $node, $i) {
37                global $titles;
38                global $links;
39                $titles[] = str_replace(["  ", "\r", "\n"], "", $node->text());
40                $links[] = $node->attr('href');
41            });
42
43        $page += 1;
44    }
45
46    var_dump($links);
47    var_dump($titles);
```

上述指的是，直到回應 stat 是 over 後，while 條件迴圈才會停止。

那這樣的話，最新訊息所有的訊息就都會回來了。

```
01  array(14) {
02    [0]=>
03    string(45) "https://rd.nttu.edu.tw/p/404-1007-91756-1.php"
04    [1]=>
05    string(45) "https://rd.nttu.edu.tw/p/404-1007-91765-1.php"
06    [2]=>
07    string(45) "https://aa.nttu.edu.tw/p/404-1002-91667-1.php"
08    [3]=>
09    string(46) "https://dga.nttu.edu.tw/p/404-1008-91751-1.php"
10    [4]=>
11    string(47) "https://wdsa.nttu.edu.tw/p/404-1009-51852-1.php"
12    [5]=>
13    string(45) "https://rd.nttu.edu.tw/p/404-1007-91275-1.php"
14    [6]=>
15    string(45) "https://rd.nttu.edu.tw/p/404-1007-91187-1.php"
16    [7]=>
17    string(45) "https://rd.nttu.edu.tw/p/404-1007-91140-1.php"
18    [8]=>
19    string(46) "https://dga.nttu.edu.tw/p/404-1008-91078-1.php"
20    [9]=>
21    string(45) "https://aa.nttu.edu.tw/p/404-1002-90908-1.php"
22    [10]=>
23    string(45) "https://aa.nttu.edu.tw/p/404-1002-90907-1.php"
24    [11]=>
25    string(48) "https://enews.nttu.edu.tw/p/404-1045-90881-1.php"
26    [12]=>
27    string(48) "https://enews.nttu.edu.tw/p/404-1045-90876-1.php"
28    [13]=>
29    string(45) "https://aa.nttu.edu.tw/p/404-1002-90906-1.php"
30  }
31  array(14) {
32    [0]=>
33    string(67) "【研發處】2020 年春季赴國外交換學生甄選開始囉！"
34    [1]=>
35    string(76) "【研發處】2020 年春季「學生出國進修獎助學金」申請公告"
36    [2]=>
37    string(78) "【教務處】108 年 10 月 05 日（六）為補上課日通知 (108.09.23 公告 )"
```

```
38      [3]=>
39      string(85) "【總務處出納組】國立臺東大學 108 學年度第 1 學期繳交學分費公告 "
40      [4]=>
41      strng(94) "【學務處課外組】107 學年度第 2 學期學業績優班級前三名獎學金申請公告 "
42      [5]=>
43      string(103) "【研發處】Language Corner 語言交流夥伴活動～開始接受預約，亦歡迎現
    場報名唷^^"
44      [6]=>
45      string(115) "【研發處】109 學年僑生及港澳生單獨招生簡章及申請時間公告 (2020 年 9 月
    入學，限學士班 )"
46      7]=>
47      string(127) "【研發處】外國學生申請入學 (2020 年春季班 ) 現正報名中 International
    Student Admissions(Spring Semester 2020)"
48      [8]=>
49      string(92) "【總務處出納組】108 學年度第一學期（進修學士班新生）繳交學雜費公告 "
50      [9]=>
51      string(95) "【教務處】大一優秀新生獎學金、設籍臺東獎學金（含轉學新生）申請公告 "
52      [10]=>
53      string(84) "【教務處】大一新生「運動、美術、音樂」績優獎學金申請公告 "
54      [11=>
55      string(46) "【秘書室】東大簡訊 -13 號刊 (20190903)"
56      [12]=>
57      string(66) "【秘書室】恭賀！音學系何育真老師榮升副教授 "
58      [13]=>
59      string(65) "【教務處】核發 108-1 舊生續領設籍臺東獎學金公告 "
60  }
```

案例研究 1-2 就到這裡結束了，那學校網站中的其他訊息種類擷取與分析呢？筆者認為沒有很難，基本上訊息擷取與解析方法是一樣的，這部份則可以留給讀者們日後做練習，唯一有差別的是使用 HTTP 之 POST 方法傳遞過去的 Cg 參數有差別而已。下一篇章節就會開始介紹案例 2-1 了。

04

案例研究 2-1 課程查詢網站

從前幾篇章節的 2 個例子來看,我們可以知道訊息發佈網站的分析與擷取,學到分析網站的行為,請求網址的路徑,怎麼拿到 AJAX 刷新後的新訊息等。這些都算是最基本的爬蟲開發方法。接下來,結束了學校消息網站的擷取之後,接下來還有什麼可以值得探討的案例?

在多年以前,筆者還是大學生的時候,聽取了一場議程,內容是在講述該如何將台科大的選課系統上的資料做二度應用,期許打造更好用的選課模擬系統,讓未來在真正的選課之前,擁有良好的資源可以做沙盤推演模擬要選課程列表與清單。看完之後,著實讓筆者振奮,心裡想著,那如果開始著手開發屬於自己學校的選課模擬系統,該有多好,想必大家也有同樣的需求。後來,從剛開始碰這些爬蟲相關技術,確實讓筆者吃了不少的苦頭,尤其花在開發學校訊息網站就已經花了大部分的時間了。後來,等到要做「選課模擬」這件事情的時候,就已經畢業了。也無緣做這件事情。後來,仍是把這個目標放在心中。現在,終於有了一個曙光,那就是可以在這 30 堂課程中,把它放入當成其中一個探討的案例。

這樣一來也可以達成比賽的目標之外,也一圓筆者長久以來的心目中目標,也希望在案例研討中,至少將核心雛型,也就是相關選課系統爬蟲可以在案例研討中相繼完成。這樣讓後面的選課模擬系統服務才有完成的契機與機會。

分析學校選課系統想法

選課系統爬蟲規劃

由於這個主題較為複雜與龐大，需要分析與實做部份較為廣泛。因此預計在此案例研究中分成幾個部份：

- 分析基本的選課查詢系統
  - 基本上，選課模擬主要來源是在「選課查詢系統」，因此會著重在此系統上的研究與擷取。
  - 選課查詢系統上的每一個欄位，包含下拉式選單中的值擷取等，也需要做一個分析與擷取。

- 分析選課查詢後的結果
  - 在基本上，選課查詢系統都會有包含「老師」、「學期年度」、「系所選擇」等進階的查詢，因此需要做的事情是將這些綜合查詢組合作一個分析，並想辦法將所有的指定學期選課內容做有效率的擷取。

在章節安排上，預計會分成 4 個章節。分別是：

- 基本分析選課查詢系統
- 擷取選課系統上的查詢選單
- 分析所有學期年度所有系所的課程
- 擷取所有學期年度所有系所的課程

上述章節會依照當下難易度做一個內容的調整，有可能某個章節會多做分析，闡述和實做也是有可能的。

所以下一篇章節，仍是會以基本分析選課查詢系統為主。

解析與介紹學校選課系統

從前天可以知道，我們的這次的案例目標了。接下來就要開始著手計畫了，本次章節，會著重在選課系統上面的資料並識別出我們想要的資料。

介紹選課系統

首先，從這個網站進去，可以看到學校選課系統。網址如下：

https://infosys.nttu.edu.tw/n_CourseBase_Select/CourseListPublic.aspx

會得到下面這樣的網站的圖：

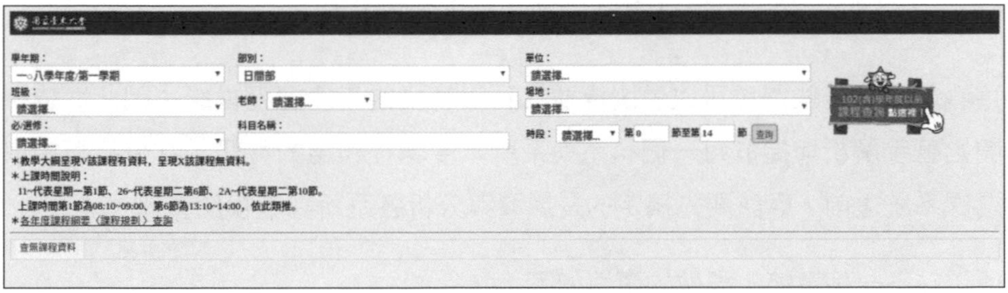

▲ 圖 10：選課系統網站查詢頁面

我們可以看到有許多的下拉選單可以做組合與搭配，並可以依照條件選完之後找到合適的結果。因為目前大學來說，有很多學校慢慢將課程導向到模組化的方式，於是我們可以看到有一個連結網址是有關於課程綱要的部份，其網址如下：https://aa.nttu.edu.tw/p/412-1002-6875.php?Lang＝zh-tw。

點擊進去之後，我們會看到如下圖：

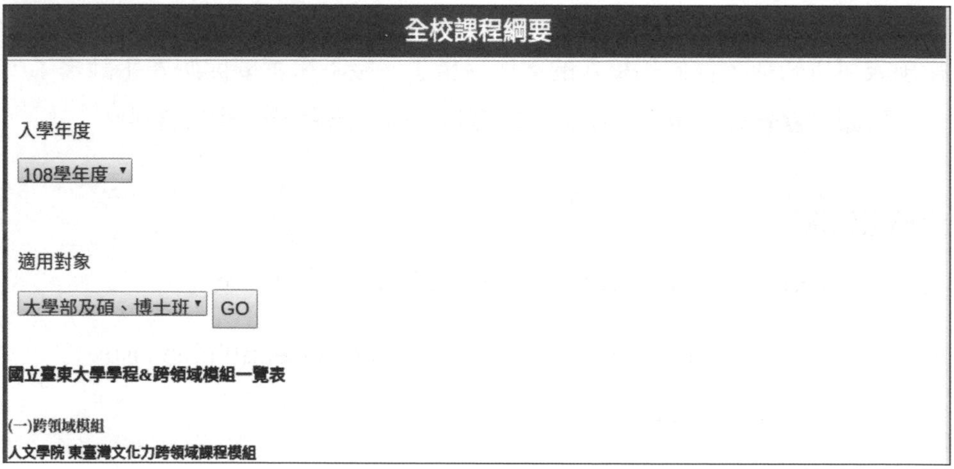

全校課程綱要

入學年度
108學年度 ▼

適用對象
大學部及碩、博士班 ▼ GO

國立臺東大學學程&跨領域模組一覽表

(一)跨領域模組
人文學院 東臺灣文化力跨領域課程模組

▲ 圖 11：課程綱要查詢頁面

這看起來是一些選項可以供選擇並找到我們要的年度課程模組，因此從這邊開始著手解析與擷取每一個科系與系所年度課程模組的資訊，在分析與擷取選課系統之前，應該要先搞定的是擷取與分析各系所課程模組資訊。

所以在下一個章節，要做的事情如下：

■ 擷取，分析與實做各系所的課程模組資訊

上述這部份，感覺仍需要一段時間做介紹與分析，所以模組課程綱要網站分析完成之後，才會再回到選課系統的分析，擷取與爬蟲實做的部份。

解析年度課程綱要網站

從前一篇的章節可以知道，我們先從分析課程綱要網站開始。

分析網站

首先，先進入這個網站，會得到下面圖示：

入學年度

| 108學年度 ▾ |

適用對象

| 大學部及碩、博士班 ▾ | | GO |

國立臺東大學學程&跨領域模組一覽表

(一)跨領域模組

人文學院 東臺灣文化力跨領域課程模組
理工學院 智慧農業永續創新科技跨領域課程模組
師範學院 多元文化與弱勢教育跨領域課程模組

▲ 圖 12：課程綱要查詢頁面

從上圖中可以得知，這看起來是一個表單送出的模式，因此要確認這個查詢的模式，就需要仰賴網頁瀏覽器的開發者模式了。

接著我們按下「F12」按鍵查看網站中的元素，如下圖所示：

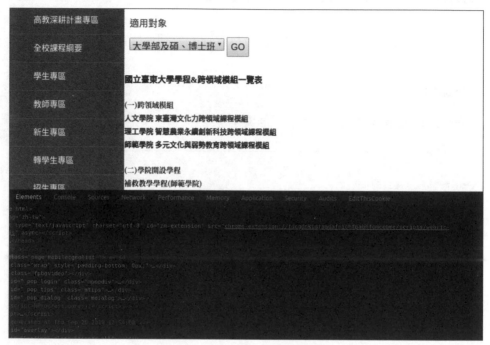

▲ 圖 13：課程綱要查詢頁面

接著從元素查找可以發現，「GO」按鈕的元素是一個點擊事件，網頁元素相關如下：

```
01    <input onclick="myFunction()" type="button" value="GO">
```

從上面這樣看起來，很明顯是一個當點擊按鈕之後，會觸發一個叫做 myFunction 的 JavaScript 函式。再繼續往下追蹤之後，則會找到這個「myFunction」全貌，下面是追到的完整 myFunction 函式。

```
01    function myFunction(){ if (document.getElementById('samp').value == "108"){
02            if (document.getElementById('samp1').value == "AA"){
03                location.href="http://aa.nttu.edu.tw/p/412-1002-8645.
      php?Lang=zh-tw";
```

```
04                }else{ location.href="http://aa.nttu.edu.tw/p/412-1002-
        8646.php?Lang=zh-tw";}
05                }
06   if (document.getElementById('samp').value == "107"){
07                if (document.getElementById('samp1').value == "AA"){
08                   location.href="http://naa.nttu.edu.tw/p/412-1002-8583.
        php?Lang=zh-tw";}
09   else{ location.href="http://naa.nttu.edu.tw/p/412-1002-8584.php?Lang=zh-tw";}}
10
11      if (document.getElementById('samp').value == "106"){
12                if (document.getElementById('samp1').value == "AA"){
13                   location.href="http://naa.nttu.edu.tw/p/412-1002-7628.
        php?Lang=zh-tw";}
14   else{ location.href="http://naa.nttu.edu.tw/p/412-1002-7629.php?Lang=zh-tw";}}
15
16                if (document.getElementById('samp').value == "105"){
17                if (document.getElementById('samp1').value == "AA"){
18                   location.href="http://naa.nttu.edu.tw/p/412-1002-7182.
        php?Lang=zh-tw";}
19   else{ location.href="http://naa.nttu.edu.tw/p/412-1002-7187.php?Lang=zh-tw";}}
20
21      if (document.getElementById('samp').value == "104"){
22                if (document.getElementById('samp1').value == "AA"){
23                   location.href="http://naa.nttu.edu.tw/p/412-1002-7183.
        php?Lang=zh-tw";
24                }else{ location.href="http://naa.nttu.edu.tw/p/412-1002-
        7188.php?Lang=zh-tw";}
25                }
26      if (document.getElementById('samp').value == "103"){
27                if (document.getElementById('samp1').value == "AA"){
28                   location.href="http://naa.nttu.edu.tw/p/412-1002-7184.
        php?Lang=zh-tw";
29                }else{ alert("查無資料");}
30                }
31
32      if (document.getElementById('samp').value == "other"){
33                if (document.getElementById('samp1').value == "AA"){
34                   location.href="http://naa.nttu.edu.tw/p/412-1002-7186.
        php?Lang=zh-tw";
35                }else{ alert("查無資料");}
36                }
37      }
```

從上述的每個 JavaScript 之函式來看，可以得知下面的一些行為：

■ 會用 DOM 機制去找到目前網頁上選擇元素名稱。

■ samp 名稱下拉選單元素指的是：「入學年度」。

■ samp1 名稱下拉選單元素指的是：「適用對象」。值分成「AA」與「AB」
　對應中文分別是：大學部碩博士班以及進修學制班。

接下來就依照不同的年度做不同的 if...else 判斷。因此我們可以歸納出下面
的分析方法：

■ 當選擇 108 且選擇 AA 時候，就會跳轉到：

　• http://aa.nttu.edu.tw/p/412-1002-8645.php?Lang=zh-tw

■ 當選擇 108 且選擇 AB 時候，就會跳轉到：

　• http://aa.nttu.edu.tw/p/412-1002-8646.php?Lang=zh-tw

■ 當選擇 107 且選擇 AA 時候，就會跳轉到：

　• http://naa.nttu.edu.tw/p/412-1002-8583.php?Lang=zh-tw

■ 當選擇 107 且選擇 AB 時候，就會跳轉到：

　• http://naa.nttu.edu.tw/p/412-1002-8584.php?Lang=zh-tw

■ 當選擇 106 且選擇 AA 時候，就會跳轉到：

　• http://naa.nttu.edu.tw/p/412-1002-7628.php?Lang=zh-tw

■ 當選擇 106 且選擇 AB 時候，就會跳轉到：

　• http://naa.nttu.edu.tw/p/412-1002-7629.php?Lang=zh-tw

■ 當選擇 105 且選擇 AA 時候，就會跳轉到：

　• http://naa.nttu.edu.tw/p/412-1002-7182.php?Lang=zh-tw

- ■ 當選擇 105 且選擇 AB 時候，就會跳轉到：
  - http://naa.nttu.edu.tw/p/412-1002-7187.php?Lang=zh-tw

- ■ 當選擇 104 且選擇 AA 時候，就會跳轉到：
  - http://naa.nttu.edu.tw/p/412-1002-7183.php?Lang=zh-tw

- ■ 當選擇 104 且選擇 AB 時候，就會跳轉到：
  - http://naa.nttu.edu.tw/p/412-1002-7188.php?Lang=zh-tw

- ■ 當選擇 103 且選擇 AA 時候，就會跳轉到：
  - http://naa.nttu.edu.tw/p/412-1002-7184.php?Lang=zh-tw

- ■ 當選擇 103 且選擇 AB 時候，就會跳轉到：查無資料
- ■ 當選擇 other 且選擇 AA 時候，就會跳轉到：
  - http://naa.nttu.edu.tw/p/412-1002-7186.php?Lang=zh-tw

- ■ 當選擇 other 且選擇 AA 時候，就會跳轉到：查無資料

以上就是課綱網站的所有分析，那再下一章節，便會開始分析每一個跳轉過去的網站了。

分析指定年度課程綱要網站

從上一篇章節可以知道，有找到每一個下拉式選單所對應到的指定年度綱要的課程網站。那現在我們要做的事情是將其中一個網站做一個解析。找到擷取要的內容的方法。

解析網站

假設我們要解析的對象網站是這個，進去之後，會得到下面這張網頁的截圖：

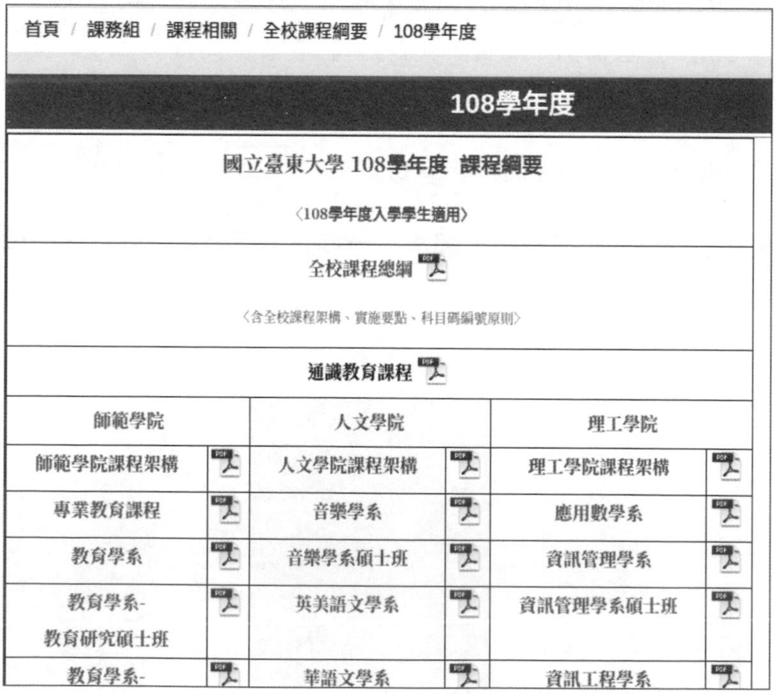

首頁 / 課務組 / 課程相關 / 全校課程綱要 / 108學年度

108學年度

國立臺東大學 108學年度 課程綱要

〈108學年度入學學生適用〉

全校課程總綱

〈含全校課程架構、實施要點、科目碼編號原則〉

通識教育課程

師範學院		人文學院		理工學院	
師範學院課程架構	PDF	人文學院課程架構	PDF	理工學院課程架構	PDF
專業教育課程	PDF	音樂學系	PDF	應用數學系	PDF
教育學系	PDF	音樂學系碩士班	PDF	資訊管理學系	PDF
教育學系-教育研究碩士班	PDF	英美語文學系	PDF	資訊管理學系碩士班	PDF
教育學系-	PDF	華語文學系	PDF	資訊工程學系	PDF

▲ 圖 14：課程綱要表格

從上面之截圖看起來，這是一個表格為主的標籤，而我們用「F12」來檢視元素，也是這樣。而整個的課綱列表表格之節錄內容如下：

```
01  <table border="1" cellpadding="0" cellspacing="0" style="border:
    currentColor; width: 676px; color: rgb(116, 116, 116); font-family:
    verdana, arial, verdana; border-collapse: collapse;" width="676">
02  <tbody>
03  <tr style="height: 42px;">
04  <td colspan="6" style="padding: 0cm 1.4pt; border: 1pt solid windowtext;
    width: 676px; height: 42px; vertical-align: top;">
05  <p style="margin: 6pt 0cm; text-align: center;"><strong><span style="font-
    size: 14pt;"><span style="font-family: 新細明體 , serif;"> 國立臺東大學 108
    </span> 學年度　課程綱要 </span></strong><span style="font-size: 9pt;">
    <span style="font-family: 新細明體 , serif;"></span></span></p>
06  <p style="margin: 7.5pt 0cm; text-align: center;"><strong><span style=
    "font-size: 10pt;"><span style="font-family: 新細明體 , serif;"> 〈108</span>
    學年度入學學生適用〉 </span></strong><span style="font-size: 9pt;"><span style=
    "font-family: 新細明體 , serif;"></span></span></p>
07  </td>
08  </tr>
09  <tr style="height: 42px;">
10  <td colspan="6" style="border-color: rgb(236, 233, 216) windowtext windowtext;
    padding: 0cm 1.4pt; width: 676px; height: 42px; vertical-align: top;
    border-right-width: 1pt; border-bottom-width: 1pt; border-left-width: 1pt;
    border-right-style: solid; border-bottom-style: solid; border-left-style:
    solid;">
11  <p style="margin: 3.6pt 0cm; text-align: center;"><span style="font-size:
    medium;"><span style="font-family: 新細明體 , serif;"><a href="https://aa.
    nttu.edu.tw/var/file/2/1002/img/108_NTTU_1080530.docx" title="NTTU">
    <strong style="color: rgb(116, 116, 116); font-weight: bold;"> 全校課程總綱
    </strong></a><a href="https://aa.nttu.edu.tw/var/file/2/1002/img/108_NTTU_
    1080530.docx" title="NTTU"><span style="border-color: currentColor; border-
    image: initial;"><b><img alt="" src="http://daa.nttu.edu.tw/ezfiles/26/1026/
    img/18/2.bmp" style="padding: 0px 5px 5px 0px; border: 0px currentColor;
    width: 34px; height: 33px;"></b></span></a></span></span></p>
12  <p style="margin: 7.5pt 0cm; text-align: center;"><span style="font-size:
    9pt;"><span style="font-family: 新細明體 , serif;"> 〈含全校課程架構、實施要點、
    科目碼編號原則〉 </span></span></p>
13  </td>
14  </tr>
```

```
15  <tr style="height: 42px;">
16  <td colspan="6" style="border-color: rgb(236, 233, 216) windowtext windowtext;
    padding: 0cm 1.4pt; width: 676px; height: 42px; vertical-align: top;
    border-right-width: 1pt; border-bottom-width: 1pt; border-left-width: 1pt;
    border-right-style: solid; border-bottom-style: solid; border-left-style:
    solid;">
17  <p style="margin: 3.6pt 0cm; text-align: center;"><span style="font-size:
    medium;"><strong><span style="font-family: 新細明體 , serif;"><a href="https://
    aa.nttu.edu.tw/var/file/2/1002/img/1520/108_UGE_1080507.docx" title="UGE">
    通識教育課程 </a> <a href="https://aa.nttu.edu.tw/var/file/2/1002/img/1520/
    108_UGE_1080507.pdf" title="UGE"><span style="border-color: currentColor;
    color: rgb(116, 116, 116); border-image: initial;"><img alt="" src="http:
    //daa.nttu.edu.tw/ezfiles/26/1026/img/18/2.bmp" style="padding: 0px 5px
    5px 0px; border: 0px currentColor; width: 34px; height: 33px;"></span></a>
    </span></strong></span></p>
18  </td>
19  </tr>
20  <tr style="height: 24px;">
21  <td colspan="2" style="border-color: rgb(236, 233, 216) windowtext windowtext;
    padding: 0cm 1.4pt; width: 219px; height: 24px; vertical-align: top; border-
    right-width: 1pt; border-bottom-width: 1pt; border-left-width: 1pt; border-
    right-style: solid; border-bottom-style: solid; border-left-style: solid;">
22  <p style="margin: 3.6pt 0cm; text-align: center;"><span style="font-size:
    medium;"><strong><span style="font-family: 新細明體 , serif;"> 師範學院 </span>
    </strong></span><span style="font-family: 新細明體 , serif;"></span></p>
23  </td>
24  <td colspan="2" style="border-color: rgb(236, 233, 216) windowtext windowtext
    rgb(236, 233, 216); padding: 0cm 1.4pt; width: 219px; height: 24px; vertical-
    align: top; border-right-width: 1pt; border-bottom-width: 1pt; border-right-
    style: solid; border-bottom-style: solid; background-color: rgb(255, 255,
    204);">
25  <p style="margin: 3.6pt 0cm; text-align: center;"><span style="font-size:
    medium;"><strong><span style="font-family: 新細明體 , serif;"> 人文學院 </span>
    </strong></span><span style="font-family: 新細明體 , serif;"></span></p>
26  </td>
27  <td colspan="2" style="border-color: rgb(236, 233, 216) windowtext windowtext
    rgb(236, 233, 216); padding: 0cm 1.4pt; width: 238px; height: 24px; vertical-
    align: top; border-right-width: 1pt; border-bottom-width: 1pt; border-right-
    style: solid; border-bottom-style: solid;">
28  <p style="margin: 3.6pt 0cm; text-align: center;"><span style="font-size:
    medium;"><strong><span style="font-family: 新細明體 , serif;"> 理工學院
    </span></strong></span><span style="font-family: 新細明體 , serif;"></span></p>
```

```
29    </td>
30    </tr>
31    <tr style="height: 42px;">
32    <td style="border-color: rgb(236, 233, 216) windowtext windowtext; padding:
      0cm 1.4pt; width: 181px; height: 42px; vertical-align: top; border-right-
      width: 1pt; border-bottom-width: 1pt; border-left-width: 1pt; border-right-
      style: solid; border-bottom-style: solid; border-left-style: solid;">
33    <p style="text-align: center; margin-top: 0px; margin-bottom: 0px;"><a href=
      "https://aa.nttu.edu.tw/var/file/2/1002/img/1520/108_EDC_1080530.docx" title=
      "EDC"><span style="font-size: 1em;"><span style="color: rgb(116, 116, 116);
      font-family: 新細明體 , serif; font-weight: bold;">師範學院課程架構 </span></span>
      </a></p>
34    </td>
35    <td style="border-color: rgb(236, 233, 216) windowtext windowtext rgb(236,
      233, 216); padding: 0cm; width: 38px; height: 42px; vertical-align: top;
      border-right-width: 1pt; border-bottom-width: 1pt; border-right-style:
      solid; border-bottom-style: solid;">
36    <p style="text-align: center; margin-top: 0px; margin-bottom: 0px;"><a href=
      "https://aa.nttu.edu.tw/var/file/2/1002/img/1520/108_EDC_1080530.docx"
      title="EDC"><span style="font-size: 1em;"><span style="color: rgb(116,
      116, 116); font-weight: bold;"><span style="font-family: calibri;"><img
      alt="" src="http://daa.nttu.edu.tw/ezfiles/26/1026/img/18/2.bmp"
      style="padding: 0px 5px 5px 0px; border: 0px currentColor; width: 34px;
      height: 33px;"></span><span style="font-family: 新細明體 , serif;"></span>
      </span></span></a></p>
37    </td>
38    <td style="border-color: rgb(236, 233, 216) windowtext windowtext rgb(236,
      233, 216); padding: 0cm 1.4pt; width: 179px; height: 42px; vertical-align:
      top; border-right-width: 1pt; border-bottom-width: 1pt; border-right-
      style: solid; border-bottom-style: solid; background-color: rgb(255, 255,
      204);">
39    <p style="text-align: center; margin-top: 0px; margin-bottom: 0px;"><a
      href="https://aa.nttu.edu.tw/var/file/2/1002/img/1520/108_HSC_1080418.
      docx" title="HSC"><span style="font-size: 1em;"><span style="color:
      rgb(116, 116, 116), font-family: 新細明體 , serif; font-weight: bold;">
      人文學院課程架構 </span></span></a></p>
40    </td>
41    <td style="border-color: rgb(236, 233, 216) windowtext windowtext rgb(236,
      233, 216); padding: 0cm; width: 40px; height: 42px; vertical-align: top;
      border-right-width: 1pt; border-bottom-width: 1pt; border-right-style:
      solid; border-bottom-style: solid; background-color: rgb(255, 255, 204);">
```

```
42    <p style="text-align: center; margin-top: 0px; margin-bottom: 0px;">
      <a href="https://aa.nttu.edu.tw/var/file/2/1002/img/1520/108_HSC_1080418.
      pdf" title="HSC"><span style="font-size: 1em;"><span style="color:
      rgb(116, 116, 116); font-weight: bold;"><span style="font-family:
      calibri;"><img alt="" src="http://daa.nttu.edu.tw/ezfiles/26/1026/
      img/18/2.bmp" style="padding: 0px 5px 5px 0px; border: 0px currentColor;
      width: 34px; height: 33px;"></span><span style="font-family: 新細明體 ,
      serif;"></span></span></span></a></p>
43    </td>
44    <td style="border-color: rgb(236, 233, 216) windowtext windowtext rgb(236,
      233, 216); padding: 0cm 1.4pt; width: 196px; height: 42px; vertical-align:
      top; border-right-width: 1pt; border-bottom-width: 1pt; border-right-
      style: solid; border-bottom-style: solid;">
45    <p style="text-align: center; margin-top: 0px; margin-bottom: 0px;"><a
      href="https://aa.nttu.edu.tw/var/file/2/1002/img/108_SEC_1080418.docx"
      title="SEC"><span style="font-size: 1em;"><span style="color: rgb(116,
      116, 116); font-family: 新細明體 , serif; font-weight: bold;">理工學院課程架構
      </span></span></a></p>
46    </td>
47    <td style="border-color: rgb(236, 233, 216) windowtext windowtext rgb(236,
      233, 216); padding: 0cm; width: 42px; height: 42px; vertical-align: top;
      border-right-width: 1pt; border-bottom-width: 1pt; border-right-style:
      solid; border-bottom-style: solid;">
48    <p style="text-align: center; margin-top: 0px; margin-bottom: 0px;"><a
      href="https://aa.nttu.edu.tw/var/file/2/1002/img/1520/108_SEC_1080418.pdf"
      title="SEC"><span style="font-size: 1em;"><span style="color: rgb(116,
      116, 116); font-weight: bold;"><span style="font-family: calibri;"><img
      alt="" src="http://daa.nttu.edu.tw/ezfiles/26/1026/img/18/2.bmp"
      style="padding: 0px 5px 5px 0px; border: 0px currentColor; width: 34px;
      height: 33px;"></span><span style="font-family: 新細明體 , serif;"></span></
      span></span></a></p>
49    </td>
50    </tr>
51    <tr style="height: 42px;">
52    <td style="border-color: rgb(236, 233, 216) windowtext windowtext;
      padding: 0cm 1.4pt; width: 181px; height: 42px; vertical-align: top;
      border-right-width: 1pt; border-bottom-width: 1pt; border-left-width: 1pt;
      border-right-style: solid; border-bottom-style: solid; border-left-style:
      solid;">
53    <p style="text-align: center; margin-top: 0px; margin-bottom: 0px;">
      <ahref="https://aa.nttu.edu.tw/var/file/2/1002/img/1520/108_CTE2.docx"
```

```
     title="CTE"><span style="font-size: 1em;"><span style="color: rgb(116,
     116, 116); font-family: 新細明體 , serif; font-weight: bold;">專業教育課程
     </span></span></a></p>
54   </td>
55   <td style="border-color: rgb(236, 233, 216) windowtext windowtext rgb(236,
     233, 216); padding: 0cm; width: 38px; height: 42px; vertical-align: top;
     border-right-width: 1pt; border-bottom-width: 1pt; border-right-style:
     solid; border-bottom-style: solid;">
56   <p style="text-align: center; margin-top: 0px; margin-bottom: 0px;"><a
     href="https://aa.nttu.edu.tw/var/file/2/1002/img/1520/108_CTE2.docx"
     title="CTE"><span style="font-size: 1em;"><span style="color: rgb(116,
     116, 116); font-weight: bold;"><span style="font-family: calibri;"><img
     alt="" src="http://daa.nttu.edu.tw/ezfiles/26/1026/img/18/2.bmp"
     style="padding: 0px 5px 5px 0px; border: 0px currentColor; width: 34px;
     height: 33px;"></span><span style="font-family: 新細明體 , serif;"></span></
     span></span></a></p>
57   </td>
58   <td style="border-color: rgb(236, 233, 216) windowtext windowtext rgb(236,
     233, 216); padding: 0cm 1.4pt; width: 179px; height: 42px; vertical-align:
     top; border-right-width: 1pt; border-bottom-width: 1pt; border-right-
     style: solid; border-bottom-style: solid; background-color: rgb(255, 255,
     204);">
59   <p style="text-align: center; margin-top: 0px; margin-bottom: 0px;"><a
     href="https://aa.nttu.edu.tw/var/file/2/1002/img/108_HMU_1_1080530.docx"
     title="HMU-1"><span style="font-size: 1em;"><span style="color: rgb(116,
     116, 116); font-family: 新細明體 , serif; font-weight: bold;">音樂學系 </
     span></span></a></p>
60   </td>
61   <td style="border-color: rgb(236, 233, 216) windowtext windowtext rgb(236,
     233, 216); padding: 0cm; width: 40px; height: 42px; vertical-align: top;
     border-right-width: 1pt; border-bottom-width: 1pt; border-right-style:
     solid; border-bottom-style: solid; background-color: rgb(255, 255, 204);">
62   <p style="text-align: center; margin-top: 0px; margin-bottom: 0px;"><a
     href="https://aa.nttu.edu.tw/var/file/2/1002/img/1520/108_HMU_1_1080530.
     pdf" title="HMU_1"><span style="font-size: 1em;"><span style="color:
     rgb(116, 116, 116); font-weight: bold;"><span style="font-family:
     calibri;"><img alt="" src="http://daa.nttu.edu.tw/ezfiles/26/1026/img/18/2.
     bmp" style="padding: 0px 5px 5px 0px; border: 0px currentColor; width:
     34px; height: 33px;"></span><span style="font-family: 新細明體 , serif;"></
     span></span></span></a></p>
63   </td>
```

```
64   <td style="border-color: rgb(236, 233, 216) windowtext windowtext rgb(236,
     233, 216); padding: 0cm 1.4pt; width: 196px; height: 42px; vertical-align:
     top; border-right-width: 1pt; border-bottom-width: 1pt; border-right-
     style: solid; border-bottom-style: solid;">
65   <p style="text-align: center; margin-top: 0px; margin-bottom: 0px;"><span
     style="font-size: 1em;"><span style="color: rgb(116, 116, 116); font-
     family: 新細明體 , serif; font-weight: bold;">應用數學系</span></span></p>
66   </td>
67   <td style="border-color: rgb(236, 233, 216) windowtext windowtext rgb(236,
     233, 216); padding: 0cm; width: 42px; height: 42px; vertical-align: top;
     border-right-width: 1pt; border-bottom-width: 1pt; border-right-style:
     solid; border-bottom-style: solid;">
68   <p style="text-align: center; margin-top: 0px; margin-bottom: 0px;"><a
     href="https://aa.nttu.edu.tw/var/file/2/1002/img/1520/108_SMA_1080530.pdf"
     title="SMA"><span style="font-size: 1em;"><span style="color: rgb(116,
     116, 116); font-weight: bold;"><span style="font-family: calibri;"><img
     alt="" src="http://daa.nttu.edu.tw/ezfiles/26/1026/img/18/2.bmp"
     style="padding: 0px 5px 5px 0px; border: 0px currentColor; width: 34px;
     height: 33px;"></span><span style="font-family: 新細明體 , serif;"></span></
     span></span></a></p>
69   </td>
70   </tr>
71   <tr style="height: 42px;">
72   <td style="border-color: rgb(236, 233, 216) windowtext windowtext;
     padding: 0cm 1.4pt; width: 181px; height: 42px; vertical-align: top;
     border-right-width: 1pt; border-bottom-width: 1pt; border-left-width: 1pt;
     border-right-style: solid; border-bottom-style: solid; border-left-style:
     solid;">
73   <p style="text-align: center; margin-top: 0px; margin-bottom: 0px;"><a
     href="https://aa.nttu.edu.tw/var/file/2/1002/img/1520/108_EED_1_1080530.
     pdf" title="EED_1"><span style="font-size: 1em;"><span style="color:
     rgb(116, 116, 116); font-family: 新細明體 , serif; font-weight: bold;">教育
     學系</span></span></a></p>
74   </td>
75   <td style="border-color: rgb(236, 233, 216) windowtext windowtext rgb(236,
     233, 216); padding: 0cm; width: 38px; height: 42px; vertical-align: top;
     border-right-width: 1pt; border-bottom-width: 1pt; border-right-style:
     solid; border-bottom-style: solid;">
76   <p style="text-align: center; margin-top: 0px; margin-bottom: 0px;"><a
     href="https://aa.nttu.edu.tw/var/file/2/1002/img/1520/108_EED_1_1080530.
     pdf" title="EED_1"><span style="font-size: 1em;"><span style="color:
```

```
     rgb(116, 116, 116); font-weight: bold;"><span style="font-family: calibri;">
     <img alt="" src="http://daa.nttu.edu.tw/ezfiles/26/1026/img/18/2.bmp"
     style="padding: 0px 5px 5px 0px; border: 0px currentColor; width: 34px;
     height: 33px;"></span><span style="font-family: 新細明體 , serif;"></span>
     </span></span></a></p>
77   </td>
78   <td style="border-color: rgb(236, 233, 216) windowtext windowtext rgb(236,
     233, 216); padding: 0cm 1.4pt; width: 179px; height: 42px; vertical-align:
     top; border-right-width: 1pt; border-bottom-width: 1pt; border-right-
     style: solid; border-bottom-style: solid; background-color: rgb(255, 255,
     204);">
79   <p style="text-align: center; margin-top: 0px; margin-bottom: 0px;"><a
     href="https://aa.nttu.edu.tw/var/file/2/1002/img/108_HMU_2_1080530.doc"
     title="HMU-2"><span style="font-size: 1em;"><span style="color: rgb(116,
     116, 116); font-family: 新細明體 , serif; font-weight: bold;">音樂學系碩士班
     </span></span></a></p>
80   </td>
81   <td style="border-color: rgb(236, 233, 216) windowtext windowtext rgb(236,
     233, 216); padding: 0cm; width: 40px; height: 42px; vertical-align: top;
     border-right-width: 1pt; border-bottom-width: 1pt; border-right-style:
     solid; border-bottom-style: solid; background-color: rgb(255, 255, 204);">
82   <p style="text-align: center; margin-top: 0px; margin-bottom: 0px;"><a
     href="https://aa.nttu.edu.tw/var/file/2/1002/img/1520/108_HMU_2_1080530.
     pdf" title="HMU_2"><span style="font-size: 1em;"><span style="color:
     rgb(116, 116, 116); font-weight: bold;"><span style="font-family:
     calibri;"><img alt="" src="http://daa.nttu.edu.tw/ezfiles/26/1026/img/18/2.
     bmp" style="padding: 0px 5px 5px 0px; border: 0px currentColor; width:
     34px; height: 33px;"></span><span style="font-family: 新細明體 , serif;"></
     span></span></span></a></p>
83   </td>
84   <td style="border-color: rgb(236, 233, 216) windowtext windowtext rgb(236,
     233, 216); padding: 0cm 1.4pt; width: 196px; height: 42px; vertical-align:
     top; border-right-width: 1pt; border-bottom-width: 1pt; border-right-
     style: solid; border-bottom-style: solid;">
85   <p style="text-align: center; margin-top: 0px; margin-bottom: 0px;"><a
     href="https://aa.nttu.edu.tw/var/file/2/1002/img/108_SIM_1_1080418.doc"
     title="SIM-1"><span style="font-size: 1em;"><span style="color: rgb(116,
     116, 116); font-family: 新細明體 , serif; font-weight: bold;">資訊管理學系 </
     span></span></a></p>
86   </td>
87   <td style="border-color: rgb(236, 233, 216) windowtext windowtext rgb(236,
     233, 216); padding: 0cm; width: 42px; height: 42px; vertical-align: top;
```

```
     border-right-width: 1pt; border-bottom-width: 1pt; border-right-style:
     solid; border-bottom-style: solid;">
88   <p style="text-align: center; margin-top: 0px; margin-bottom: 0px;"><a
     href="https://aa.nttu.edu.tw/var/file/2/1002/img/1520/108_SIM_1_1080418.
     pdf" title="SIM_1"><span style="font-size: 1em;"><span style="color:
     rgb(116, 116, 116); font-weight: bold;"><span style="font-family:
     calibri;"><img alt="" src="http://daa.nttu.edu.tw/ezfiles/26/1026/img/18/2.
     bmp" style="padding: 0px 5px 5px 0px; border: 0px currentColor; width:
     34px; height: 33px;"></span><span style="font-family: 新細明體 , serif;"></
     span></span></span></a></p>
89   </td>
90   </tr>
91   <tr style="height: 42px;">
92   <td style="border-color: rgb(236, 233, 216) windowtext windowtext;
     padding: 0cm 1.4pt; width: 181px; height: 42px; vertical-align: top;
     border-right-width: 1pt; border-bottom-width: 1pt; border-left-width: 1pt;
     border-right-style: solid; border-bottom-style: solid; border-left-style:
     solid;">
93   <p style="text-align: center; margin-top: 0px; margin-bottom: 0px;"><a
     href="https://aa.nttu.edu.tw/var/file/2/1002/img/108_EED_21_1080530.docx"
     title="EED-21"><span style="font-size: 1em;"><span style="color: rgb(116,
     116, 116); font-family: 新細明體 , serif; font-weight: bold;"> 教育學系 -</
     span></span></a></p>
94   <p style="text-align: center; margin-top: 0px; margin-bottom: 0px;"><a
     href="https://aa.nttu.edu.tw/var/file/2/1002/img/108_EED_21_1080530.docx"
     title="EED-21"><span style="font-size: 1em;"><span style="color: rgb(116,
     116, 116); font-family: 新細明體 , serif; font-weight: bold;"> 教育研究碩士班
     </span></span></a></p>
95   </td>
96   <td style="border-color: rgb(236, 233, 216) windowtext windowtext rgb(236,
     233, 216); padding: 0cm; width: 38px; height: 42px; vertical-align: top;
     border-right-width: 1pt; border-bottom-width: 1pt; border-right-style:
     solid; border-bottom-style: solid;">
97   <p style="text-align: center; margin-top: 0px; margin-bottom: 0px;"><a
     href="https://aa.nttu.edu.tw/var/file/2/1002/img/1520/108_EED_21_1080530.
     pdf" title="EED_21"><span style="font-size: 1em;"><span style="color:
     rgb(116, 116, 116); font-weight: bold;"><span style="font-family:
     calibri;"><img alt="" src="http://daa.nttu.edu.tw/ezfiles/26/1026/img/18/2.
     bmp" style="padding: 0px 5px 5px 0px; border: 0px currentColor; width:
     34px; height: 33px;"></span><span style="font-family: 新細明體 , serif;"></
     span></span></span></a></p>
```

```
98   </td>
99   <td style="border-color: rgb(236, 233, 216) windowtext windowtext rgb(236,
     233, 216); padding: 0cm 1.4pt; width: 179px; height: 42px; vertical-align:
     top; border-right-width: 1pt; border-bottom-width: 1pt; border-right-
     style: solid; border-bottom-style: solid; background-color: rgb(255, 255,
     204);">
100  <p style="text-align: center; margin-top: 0px; margin-bottom: 0px;"><a
     href="https://aa.nttu.edu.tw/var/file/2/1002/img/108_HEN_1080530.docx"
     title="HEN"><span style="font-size: 1em;"><span style="color: rgb(116,
     116, 116); font-family: 新細明體 , serif; font-weight: bold;">英美語文學系 </
     span></span></a></p>
101  </td>
102  <td style="border-color: rgb(236, 233, 216) windowtext windowtext rgb(236,
     233, 216); padding: 0cm; width: 40px; height: 42px; vertical-align: top;
     border-right-width: 1pt; border-bottom-width: 1pt; border-right-style:
     solid; border-bottom-style: solid; background-color: rgb(255, 255, 204);">
103  <p style="text-align: center; margin-top: 0px; margin-bottom: 0px;"><a
     href="https://aa.nttu.edu.tw/var/file/2/1002/img/1520/108_HEN_1080530.pdf"
     title="HEN"><span style="font-size: 1em;"><span style="color: rgb(116,
     116, 116); font-weight: bold;"><span style="font-family: calibri;"><img
     alt="" src="http://daa.nttu.edu.tw/ezfiles/26/1026/img/18/2.bmp"
     style="padding: 0px 5px 5px 0px; border: 0px currentColor; width: 34px;
     height: 33px;"></span><span style="font-family: 新細明體 , serif;"></span></
     span></span></a></p>
104  </td>
105  <td style="border-color: rgb(236, 233, 216) windowtext windowtext rgb(236,
     233, 216); padding: 0cm 1.4pt; width: 196px; height: 42px; vertical-align:
     top; border-right-width: 1pt; border-bottom-width: 1pt; border-right-
     style: solid; border-bottom-style: solid;">
106  <p style="text-align: center; margin-top: 0px; margin-bottom: 0px;"><a
     href="https://aa.nttu.edu.tw/var/file/2/1002/img/108_SIM_2_1080418.doc"
     title="SIM-2"><span style="font-size: 1em;"><span style="color: rgb(116,
     116, 116); font-family: 新細明體 , serif; font-weight: bold;">資訊管理學系碩士
     班 </span></span></a></p>
107  </td>
108  <td style="border-color: rgb(236, 233, 216) windowtext windowtext rgb(236,
     233, 216); padding: 0cm; width: 42px; height: 42px; vertical-align: top;
     border-right-width: 1pt; border-bottom-width: 1pt; border-right-style:
     solid; border-bottom-style: solid;">
109  <p style="text-align: center; margin-top: 0px; margin-bottom: 0px;"><a
     href="https://aa.nttu.edu.tw/var/file/2/1002/img/1520/108_SIM_2_1080418.
```

```
        pdf" title="SIM_2"><span style="font-size: 1em;"><span style="color:
        rgb(116, 116, 116); font-weight: bold;"><span style="font-family:
        calibri;"><img alt="" src="http://daa.nttu.edu.tw/ezfiles/26/1026/
        img/18/2.bmp" style="padding: 0px 5px 5px 0px; border: 0px currentColor;
        width: 34px; height: 33px;"></span><span style="font-family: 新細明體，
        serif;"></span></span></span></a></p>
110 </td>
111 </tr>
112 <tr style="height: 42px;">
113 <td style="border-color: rgb(236, 233, 216) windowtext windowtext;
        padding: 0cm 1.4pt; width: 181px; height: 42px; vertical-align: top;
        border-right-width: 1pt; border-bottom-width: 1pt; border-left-width: 1pt;
        border-right-style: solid; border-bottom-style: solid; border-left-style:
        solid;">
114 <p style="text-align: center; margin-top: 0px; margin-bottom: 0px;"><a
        href="https://aa.nttu.edu.tw/var/file/2/1002/img/108_EED_23_1080530.docx"
        title="EED-23"><span style="font-size: 1em;"><span style="color: rgb(116,
        116, 116); font-family: 新細明體，serif; font-weight: bold;">教育學系 -</
        span></span></a></p>
115 <p style="text-align: center; margin-top: 0px; margin-bottom: 0px;"><a
        href="https://aa.nttu.edu.tw/var/file/2/1002/img/108_EED_23_1080530.docx"
        title="EED-23"><span style="font-size: 1em;"><span style="color: rgb(116,
        116, 116); font-family: 新細明體，serif; font-weight: bold;">課程與教學碩士班
        </span></span></a></p>
116 </td>
117 <td style="border-color: rgb(236, 233, 216) windowtext windowtext rgb(236,
        233, 216); padding: 0cm; width: 38px; height: 42px; vertical-align: top;
        border-right-width: 1pt; border-bottom-width: 1pt; border-right-style:
        solid; border-bottom-style: solid;">
118 <p style="text-align: center; margin-top: 0px; margin-bottom: 0px;"><a
        href="https://aa.nttu.edu.tw/var/file/2/1002/img/1520/108_EED_23_1080530.
        pdf" title="EED_23"><span style="font-size: 1em;"><span style="color:
        rgb(116, 116, 116); font-weight: bold;"><span style="font-family:
        calibri;"><img alt="" src="http://daa.nttu.edu.tw/ezfiles/26/1026/img/18/2.
        bmp" style="padding: 0px 5px 5px 0px; border: 0px currentColor; width:
        34px; height: 33px;"></span><span style="font-family: 新細明體，serif;"></
        span></span></span></a></p>
119 </td>
120 <td style="border-color: rgb(236, 233, 216) windowtext windowtext rgb(236,
        233, 216); padding: 0cm 1.4pt; width: 179px; height: 42px; vertical-align:
        top; border-right-width: 1pt; border-bottom-width: 1pt; border-right-
```

```
     style: solid; border-bottom-style: solid; background-color: rgb(255, 255,
     204);">
121  <p style="text-align: center; margin-top: 0px; margin-bottom: 0px;"><a
     href="http://aa.nttu.edu.tw/var/file/2/1002/img/1520/108_HCL_1_1080530.
     docx" title="HCL_1"><span style="font-size: 1em;"><span style="color:
     rgb(116, 116, 116); font-family: 新細明體 , serif; font-weight: bold;"> 華語
     文學系 </span></span></a></p>
122  </td>
123  <td style="border-color: rgb(236, 233, 216) windowtext windowtext rgb(236,
     233, 216); padding: 0cm; width: 40px; height: 42px; vertical-align: top;
     border-right-width: 1pt; border-bottom-width: 1pt; border-right-style:
     solid; border-bottom-style: solid; background-color: rgb(255, 255, 204);">
124  <p style="text-align: center; margin-top: 0px; margin-bottom: 0px;"><a
     href="https://aa.nttu.edu.tw/var/file/2/1002/img/1520/108_HCL_1_1080530.
     docx" title="HCL_1"><span style="font-size: 1em;"><span style="color:
     rgb(116, 116, 116); font-weight: bold;"><span style="font-family:
     calibri;"><img alt="" src="http://daa.nttu.edu.tw/ezfiles/26/1026/img/18/2.
     bmp" style="padding: 0px 5px 5px 0px; border: 0px currentColor; width:
     34px; height: 33px;"></span><span style="font-family: 新細明體 , serif;"></
     span></span></span></a></p>
125  </td>
126  <td style="border-color: rgb(236, 233, 216) windowtext windowtext rgb(236,
     233, 216); padding: 0cm 1.4pt; width: 196px; height: 42px; vertical-align:
     top; border-right-width: 1pt; border-bottom-width: 1pt; border-right-
     style: solid; border-bottom-style: solid;">
127  <p style="text-align: center; margin-top: 0px; margin-bottom: 0px;"><a
     href="https://aa.nttu.edu.tw/var/file/2/1002/img/108_SIE_1080418.docx"
     title="SIE"><span style="font-size: 1em;"><span style="color: rgb(116,
     116, 116); font-family: 新細明體 , serif; font-weight: bold;"> 資訊工程學系 </
     span></span></a></p>
128  </td>
129  <td style="border-color: rgb(236, 233, 216) windowtext windowtext rgb(236,
     233, 216); padding: 0cm; width: 42px; height: 42px; vertical-align: top;
     border-right-width: 1pt; border-bottom-width: 1pt; border-right-style:
     solid; border-bottom-style: solid;">
130  <p style="text-align: center; margin-top: 0px; margin-bottom: 0px;"><a
     href="https://aa.nttu.edu.tw/var/file/2/1002/img/1520/108_SIE_1080418.pdf"
     title="SIE"><span style="font-size: 1em;"><span style="color: rgb(116,
     116, 116); font-weight: bold;"><span style="font-family: calibri;"><img
     alt="" src="http://daa.nttu.edu.tw/ezfiles/26/1026/img/18/2.bmp"
     style="padding: 0px 5px 5px 0px; border: 0px currentColor; width: 34px;
```

```
     height: 33px;"></span><span style="font-family: 新細明體，serif;"></span></
     span></span></a></p>
131  </td>
132  </tr>
133  <tr style="height: 42px;">
134  <td style="border-color: rgb(236, 233, 216) windowtext windowtext;
     padding: 0cm 1.4pt; width: 181px; height: 42px; vertical-align: top;
     border-right-width: 1pt; border-bottom-width: 1pt; border-left-width: 1pt;
     border-right-style: solid; border-bottom-style: solid; border-left-style:
     solid;">
135  <p style="text-align: center; margin-top: 0px; margin-bottom: 0px;"><a
     href="https://aa.nttu.edu.tw/var/file/2/1002/img/108_EED_3_1080530.docx"
     title="EED-3"><span style="font-size: 1em;"><span style="color: rgb(116,
     116, 116); font-family: 新細明體，serif; font-weight: bold;">教育學系 -</
     span></span></a></p>
136  <p style="text-align: center; margin-top: 0px; margin-bottom: 0px;"><a
     href="https://aa.nttu.edu.tw/var/file/2/1002/img/108_EED_3_1080530.docx"
     title="EED-3"><span style="font-size: 1em;"><span style="color: rgb(116,
     116, 116); font-family: 新細明體，serif; font-weight: bold;">教育研究博士班
     </span></span></a></p>
137  </td>
138  <td style="border-color: rgb(236, 233, 216) windowtext windowtext rgb(236,
     233, 216); padding: 0cm; width: 38px; height: 42px; vertical-align: top;
     border-right-width: 1pt; border-bottom-width: 1pt; border-right-style:
     solid; border-bottom-style: solid;">
139  <p style="text-align: center; margin-top: 0px; margin-bottom: 0px;"><a
     href="https://aa.nttu.edu.tw/var/file/2/1002/img/1520/108_EED_3_1080530.
     pdf" title="EED_3"><span style="font-size: 1em;"><span style="color:
     rgb(116, 116, 116); font-weight: bold;"><span style="font-family:
     calibri;"><img alt="" src="http://daa.nttu.edu.tw/ezfiles/26/1026/img/18/2.
     bmp" style="padding: 0px 5px 5px 0px; border: 0px currentColor; width:
     34px; height: 33px;"></span><span style="font-family: 新細明體，serif;"></
     span></span></span></a></p>
140  </td>
141  <td style="border-color: rgb(236, 233, 216) windowtext windowtext rgb(236,
     233, 216); padding: 0cm 1.4pt; width: 179px; height: 42px; vertical-align:
     top; border-right-width: 1pt; border-bottom-width: 1pt; border-right-
     style: solid; border-bottom-style: solid; background-color: rgb(255, 255,
     204);">
142  <p style="text-align: center; margin-top: 0px; margin-bottom: 0px;"><a
     href="http://aa.nttu.edu.tw/var/file/2/1002/img/1520/108_HCL_2_1080530.doc"
```

```
      title="HCL_2"><span style="font-size: 1em;"><span style="color: rgb(116,
      116, 116); font-family: 新細明體 , serif; font-weight: bold;"> 華語文學系碩士班
      </span></span></a></p>
143   </td>
144   <td style="border-color: rgb(236, 233, 216) windowtext windowtext rgb(236,
      233, 216); padding: 0cm; width: 40px; height: 42px; vertical-align: top;
      border-right-width: 1pt; border-bottom-width: 1pt; border-right-style:
      solid; border-bottom-style: solid; background-color: rgb(255, 255, 204);">
145   <p style="text-align: center; margin-top: 0px; margin-bottom: 0px;"><a
      href="https://aa.nttu.edu.tw/var/file/2/1002/img/1520/108_HCL_2_1080530.
      doc" title="HCL_2"><span style="font-size: 1em;"><span style="color:
      rgb(116, 116, 116); font-weight: bold;"><span style="font-family:
      calibri;"><img alt="" src="http://daa.nttu.edu.tw/ezfiles/26/1026/img/18/2.
      bmp" style="padding: 0px 5px 5px 0px; border: 0px currentColor; width:
      34px; height: 33px;"></span><span style="font-family: 新細明體 , serif;"></
      span></span></span></a></p>
146   </td>
147   <td style="border-color: rgb(236, 233, 216) windowtext windowtext rgb(236,
      233, 216); padding: 0cm 1.4pt; width: 196px; height: 42px; vertical-align:
      top; border-right-width: 1pt; border-bottom-width: 1pt; border-right-
      style: solid; border-bottom-style: solid;">
148   <p style="text-align: center; margin-top: 0px; margin-bottom: 0px;"><a
      href="https://aa.nttu.edu.tw/var/file/2/1002/img/108_SLS_1_1080530.docx"
      title="SLS-1"><span style="font-size: 1em;"><span style="color: rgb(116,
      116, 116); font-family: 新細明體 , serif; font-weight: bold;"> 生命科學系 </
      span><span style="color: rgb(116, 116, 116); font-family: 新細明體 , serif;
      font-weight: bold;"></span></span></a></p>
149   </td>
150   <td style="border-color: rgb(236, 233, 216) windowtext windowtext rgb(236,
      233, 216); padding: 0cm; width: 42px; height: 42px; vertical-align: top;
      border-right-width: 1pt; border-bottom-width: 1pt; border-right-style:
      solid; border-bottom-style: solid;">
151   <p style="text-align: center; margin-top: 0px; margin-bottom: 0px;"><a
      href="https://aa.nttu.edu.tw/var/file/2/1002/img/1520/108_SLS_1_1080530.
      pdf" title="SLS_1"><span style="font-size: 1em;"><span style="color:
      rgb(116, 116, 116); font-weight: bold;"><span style="font-family:
      calibri;"><img alt="" src="http://daa.nttu.edu.tw/ezfiles/26/1026/img/18/2.
      bmp" style="padding: 0px 5px 5px 0px; border: 0px currentColor; width:
      34px; height: 33px;"></span></span><span style="color: rgb(116, 116, 116);
      font-weight: bold;"><span style="font-family: calibri;"></span><span
      style="font-family: 新細明體 , serif;"></span></span></span></a></p>
```

```
152  </td>
153  </tr>
154  <tr style="height: 42px;">
155  <td style="border-color: rgb(236, 233, 216) windowtext windowtext;
     padding: 0cm 1.4pt; width: 181px; height: 42px; vertical-align: top;
     border-right-width: 1pt; border-bottom-width: 1pt; border-left-width: 1pt;
     border-right-style: solid; border-bottom-style: solid; border-left-style:
     solid;">
156  <p style="text-align: center; margin-top: 0px; margin-bottom: 0px;"><a
     href="https://aa.nttu.edu.tw/var/file/2/1002/img/1520/108_EPH_1_1080604.
     pdf" title="EPH-1"><span style="font-size: 1em;"><span style="color:
     rgb(116, 116, 116); font-family: 新細明體 , serif; font-weight: bold;">體育
     學系</span></span></a></p>
157  </td>
158  <td style="border-color: rgb(236, 233, 216) windowtext windowtext rgb(236,
     233, 216); padding: 0cm; width: 38px; height: 42px; vertical-align: top;
     border-right-width: 1pt; border-bottom-width: 1pt; border-right-style:
     solid; border-bottom-style: solid;">
159  <p style="text-align: center; margin-top: 0px; margin-bottom: 0px;"><a
     href="https://aa.nttu.edu.tw/var/file/2/1002/img/1520/108_EPH_1_1080604.
     pdf" title="EPH_1"><span style="font-size: 1em;"><span style="color:
     rgb(116, 116, 116); font-weight: bold;"><span style="font-family:
     calibri;"><img alt="" src="http://daa.nttu.edu.tw/ezfiles/26/1026/img/18/2.
     bmp" style="padding: 0px 5px 5px 0px; border: 0px currentColor; width:
     34px; height: 33px;"></span><span style="font-family: 新細明體 , serif;"></
     span></span></span></a></p>
160  </td>
161  <td style="border-color: rgb(236, 233, 216) windowtext windowtext rgb(236,
     233, 216); padding: 0cm 1.4pt; width: 179px; height: 42px; vertical-align:
     top; border-right-width: 1pt; border-bottom-width: 1pt; border-right-
     style: solid; border-bottom-style: solid; background-color: rgb(255, 255,
     204);">
162  <p style="text-align: center; margin-top: 0px; margin-bottom: 0px;"><a
     href="https://aa.nttu.edu.tw/var/file/2/1002/img/108_HAI_1_1080530.docx"
     title="HAI-1"><span style="font-size: 1em;"><span style="color: rgb(116,
     116, 116); font-family: 新細明體 , serif; font-weight: bold;">美術產業學系</
     span></span></a></p>
163  </td>
164  <td style="border-color: rgb(236, 233, 216) windowtext windowtext rgb(236,
     233, 216); padding: 0cm; width: 40px; height: 42px; vertical-align: top;
     border-right-width: 1pt; border-bottom-width: 1pt; border-right-style:
```

```
    solid; border-bottom-style: solid; background-color: rgb(255, 255, 204);">
165 <p style="text-align: center; margin-top: 0px; margin-bottom: 0px;"><span
    style="font-size: 1em;"><a href="https://aa.nttu.edu.tw/var/file/2/1002/
    img/1520/108_HAI_1_1080530.pdf" title="HAI_1"><span style="color: rgb(116,
    116, 116); font-weight: bold;"><span style="font-family: calibri;"><img
    alt="" src="http://daa.nttu.edu.tw/ezfiles/26/1026/img/18/2.bmp"
    style="padding: 0px 5px 5px 0px; border: 0px currentColor; width: 34px;
    height: 33px;"></span><span style="font-family: 新細明體 , serif;"></span></
    span></a></span></p>
166 </td>
167 <td style="border-color: rgb(236, 233, 216) windowtext windowtext rgb(236,
    233, 216); padding: 0cm 1.4pt; width: 196px; height: 42px; vertical-align:
    top; border-right-width: 1pt; border-bottom-width: 1pt; border-right-
    style: solid; border-bottom-style: solid;">
168 <p style="text-align: center; margin-top: 0px; margin-bottom: 0px;"><a
    href="https://aa.nttu.edu.tw/var/file/2/1002/img/108_SLS_2_1080530.docx"
    title="SLS-2"><span style="font-size: 1em;"><span style="color: rgb(116,
    116, 116); font-family: 新細明體 , serif; font-weight: bold;">生命科學系碩
    士班</span><span style="color: rgb(116, 116, 116); font-family: 新細明體 ,
    serif; font-weight: bold;"></span></span></a></p>
169 </td>
170 <td style="border-color: rgb(236, 233, 216) windowtext windowtext rgb(236,
    233, 216); padding: 0cm; width: 42px; height: 42px; vertical-align: top;
    border-right-width: 1pt; border-bottom-width: 1pt; border-right-style:
    solid; border-bottom-style: solid;">
171 <p style="text-align: center; margin-top: 0px; margin-bottom: 0px;"><a
    href="https://aa.nttu.edu.tw/var/file/2/1002/img/1520/108_SLS_2_1080530.
    pdf" title="SLS_2"><span style="font-size: 1em;"><span style="color:
    rgb(116, 116, 116); font-weight: bold;"><span style="font-family:
    calibri;"><img alt="" src="http://daa.nttu.edu.tw/ezfiles/26/1026/img/18/2.
    bmp" style="padding: 0px 5px 5px 0px; border: 0px currentColor; width:
    34px; height: 33px;"></span></span><span style="color: rgb(116, 116, 116);
    font-weight: bold;"><span style="font-family: calibri;"></span><span
    style="font-family: 新細明體 , serif;"></span></span></span></a></p>
172 </td>
173 </tr>
174 <tr style="height: 42px;">
175 <td style="border-color: rgb(236, 233, 216) windowtext windowtext;
    padding: 0cm 1.4pt; width: 181px; height: 42px; vertical-align: top;
    border-right-width: 1pt; border-bottom-width: 1pt; border-left-width: 1pt;
    border-right-style: solid; border-bottom-style: solid; border-left-style:
```

```
      solid;">
176  <p style="text-align: center; margin-top: 0px; margin-bottom: 0px;"><a
     href="https://aa.nttu.edu.tw/var/file/2/1002/img/108_EPH_2_1071108.docx"
     title="EPH-2"><span style="font-size: 1em;"><span style="color: rgb(116,
     116, 116); font-family: 新細明體, serif; font-weight: bold;">體育學系碩士班
     </span></span></a></p>
177  </td>
178  <td style="border-color: rgb(236, 233, 216) windowtext windowtext rgb(236,
     233, 216); padding: 0cm; width: 38px; height: 42px; vertical-align: top;
     border-right-width: 1pt; border-bottom-width: 1pt; border-right-style:
     solid; border-bottom-style: solid;">
179  <p style="text-align: center; margin-top: 0px; margin-bottom: 0px;"><span
     style="font-size: 1em;"><a href="https://aa.nttu.edu.tw/var/file/2/1002/
     img/1520/108_EPH_2_1071108.pdf" title="EPH_2"><span style="color: rgb(116,
     116, 116); font-weight: bold;"><span style="font-family: calibri;"><img
     alt="" src="http://daa.nttu.edu.tw/ezfiles/26/1026/img/18/2.bmp"
     style="padding: 0px 5px 5px 0px; border: 0px currentColor; width: 34px;
     height: 33px;"></span><span style="font-family: 新細明體, serif;"></span></
     span></a></span></p>
180  </td>
181  <td style="border-color: rgb(236, 233, 216) windowtext windowtext rgb(236,
     233, 216); padding: 0cm 1.4pt; width: 179px; height: 42px; vertical-align:
     top; border-right-width: 1pt; border-bottom-width: 1pt; border-right-
     style: solid; border-bottom-style: solid; background-color: rgb(255, 255,
     204);">
182  <p style="text-align: center; margin-top: 0px; margin-bottom: 0px;"><span
     style="font-size: 1em;"><span style="color: rgb(116, 116, 116); font-
     family: 新細明體, serif; font-weight: bold;">身心整合與運動休閒產業學系</
     span></span></p>
183  </td>
184  <td style="border-color: rgb(236, 233, 216) windowtext windowtext rgb(236,
     233, 216); padding: 0cm; width: 40px; height: 42px; vertical-align: top;
     border-right-width: 1pt; border-bottom-width: 1pt; border-right-style:
     solid; border-bottom-style: solid; background-color: rgb(255, 255, 204);">
185  <p style="text-align: center; margin-top: 0px; margin-bottom: 0px;"><a
     href="https://aa.nttu.edu.tw/var/file/2/1002/img/1520/108_HDS_1080530.pdf"
     title="HDS"><span style="font-size: 1em;"><span style="color: rgb(116,
     116, 116); font-weight: bold;"><span style="font-family: calibri;"><img
     alt="" src="http://daa.nttu.edu.tw/ezfiles/26/1026/img/18/2.bmp"
     style="padding: 0px 5px 5px 0px; border: 0px currentColor; width: 34px;
     height: 33px;"></span><span style="font-family: 新細明體, serif;"></span></
```

```
     span></span></a></p>
186  </td>
187  <td style="border-color: rgb(236, 233, 216) windowtext windowtext rgb(236,
     233, 216); padding: 0cm 1.4pt; width: 196px; height: 42px; vertical-align:
     top; border-right-width: 1pt; border-bottom-width: 1pt; border-right-
     style: solid; border-bottom-style: solid;">
188  <p style="text-align: center; margin-top: 0px; margin-bottom: 0px;"><a
     href="https://aa.nttu.edu.tw/var/file/2/1002/img/108_SAP1_1080530.docx"
     title="SAP1"><span style="font-size: 1em;"><span style="color: rgb(116,
     116, 116); font-family: 新細明體 , serif; font-weight: bold;"></span><span
     style="color: rgb(116, 116, 116); font-family: 新細明體 , serif; font-
     weight: bold;">應用科學系 </span></span></a></p>
189  <p style="text-align: center; margin-top: 0px; margin-bottom: 0px;"><a
     href="https://aa.nttu.edu.tw/var/file/2/1002/img/108_SAP1_1080530.docx"
     title="SAP1"><span style="font-size: 1em;"><span style="color: rgb(116,
     116, 116); font-family: 新細明體 , serif; font-weight: bold;"></span><span
     style="color: rgb(116, 116, 116); font-family: 新細明體 , serif; font-
     weight: bold;">化學及奈米科學組 </span></span></a></p>
190  </td>
191  <td style="border-color: rgb(236, 233, 216) windowtext windowtext rgb(236,
     233, 216); padding: 0cm; width: 42px; height: 42px; vertical-align: top;
     border-right-width: 1pt; border-bottom-width: 1pt; border-right-style:
     solid; border-bottom-style: solid;">
192  <p style="text-align: center; margin-top: 0px; margin-bottom: 0px;"><a
     href="https://aa.nttu.edu.tw/var/file/2/1002/img/1520/108_SAP1_1080530.pdf"
     title="SAP1"><span style="font-size: 1em;"><span style="color: rgb(116,
     116, 116); font-weight: bold;"><span style="font-family: calibri;"><img
     alt="" src="http://daa.nttu.edu.tw/ezfiles/26/1026/img/18/2.bmp"
     style="padding: 0px 5px 5px 0px; border: 0px currentColor; width: 34px;
     height: 33px;"></span><span style="font-family: 新細明體 , serif;"></span></
     span></span></a></p>
193  </td>
194  </tr>
195  <tr style="height: 42px;">
196  <td style="border-color: rgb(236, 233, 216) windowtext windowtext;
     padding: 0cm 1.4pt; width: 181px; height: 42px; vertical-align: top;
     border-right-width: 1pt; border-bottom-width: 1pt; border-left-width: 1pt;
     border-right-style: solid; border-bottom-style: solid; border-left-style:
     solid;">
197  <p style="text-align: center; margin-top: 0px; margin-bottom: 0px;"><a
     href="https://aa.nttu.edu.tw/var/file/2/1002/img/1520/108_EEC_1_1080530.
```

```
     docx" title="EEC_1"><span style="font-size: 1em;"><span style="color:
     rgb(116, 116, 116); font-family: 新細明體，serif; font-weight: bold;">幼兒
     教育學系</span></span></a></p>
198  </td>
199  <td style="border-color: rgb(236, 233, 216) windowtext windowtext rgb(236,
     233, 216); padding: 0cm; width: 38px; height: 42px; vertical-align: top;
     border-right-width: 1pt; border-bottom-width: 1pt; border-right-style:
     solid; border-bottom-style: solid;">
200  <p style="text-align: center; margin-top: 0px; margin-bottom: 0px;"><a
     href="https://aa.nttu.edu.tw/var/file/2/1002/img/1520/108_EEC_1_1080530.
     docx" title="EEC_1"><span style="font-size: 1em;"><span style="color:
     rgb(116, 116, 116); font-weight: bold;"><span style="font-family:
     calibri;"><img alt="" src="http://daa.nttu.edu.tw/ezfiles/26/1026/img/18/2.
     bmp" style="padding: 0px 5px 5px 0px; border: 0px currentColor; width:
     34px; height: 33px;"></span><span style="font-family: 新細明體，serif;"></
     span></span></span></a></p>
201  </td>
202  <td style="border-color: rgb(236, 233, 216) windowtext windowtext rgb(236,
     233, 216); padding: 0cm 1.4pt; width: 179px; height: 42px; vertical-align:
     top; border-right-width: 1pt; border-bottom-width: 1pt; border-right-
     style: solid; border-bottom-style: solid; background-color: rgb(255, 255,
     204);">
203  <p style="text-align: center; margin-top: 0px; margin-bottom: 0px;"><a
     href="https://aa.nttu.edu.tw/var/file/2/1002/img/108_HGC_1080530.docx"
     title="HGC"><span style="font-size: 1em;"><span style="color: rgb(116,
     116, 116); font-family: 新細明體，serif; font-weight: bold;"></span><span
     style="color: rgb(116, 116, 116); font-family: 新細明體，serif; font-
     weight: bold;">兒童文學研究所</span></span></a></p>
204  <p style="text-align: center; margin-top: 0px; margin-bottom: 0px;"><a
     href="https://aa.nttu.edu.tw/var/file/2/1002/img/108_HGC_1080530.docx"
     title="HGC"><span style="font-size: 1em;"><span style="color: rgb(116,
     116, 116); font-family: 新細明體，serif; font-weight: bold;"></span><span
     style="color: rgb(116, 116, 116); font-family: 新細明體，serif; font-
     weight: bold;">（碩、博士班）</span></span></a></p>
205  </td>
206  <td style="border-color: rgb(236, 233, 216) windowtext windowtext rgb(236,
     233, 216); padding: 0cm; width: 40px; height: 42px; vertical-align: top;
     border-right-width: 1pt; border-bottom-width: 1pt; border-right-style:
     solid; border-bottom-style: solid; background-color: rgb(255, 255, 204);">
207  <p style="text-align: center; margin-top: 0px; margin-bottom: 0px;"><a
     href="https://aa.nttu.edu.tw/var/file/2/1002/img/1520/108_HGC_1080530.pdf"
```

```
        title="HGC"><span style="font-size: 1em;"><span style="color: rgb(116,
        116, 116); font-weight: bold;"><span style="font-family: calibri;"><img
        alt="" src="http://daa.nttu.edu.tw/ezfiles/26/1026/img/18/2.bmp"
        style="padding: 0px 5px 5px 0px; border: 0px currentColor; width: 34px;
        height: 33px;"></span><span style="font-family: 新細明體 , serif;"></span></
        span></span></a></p>
208 </td>
209 <td style="border-color: rgb(236, 233, 216) windowtext windowtext rgb(236,
        233, 216); padding: 0cm 1.4pt; width: 196px; height: 42px; vertical-align:
        top; border-right-width: 1pt; border-bottom-width: 1pt; border-right-
        style: solid; border-bottom-style: solid;">
210 <p style="text-align: center; margin-top: 0px; margin-bottom: 0px;"><a
        href="https://aa.nttu.edu.tw/var/file/2/1002/img/108_SAP2_1080530.docx"
        title="SAP2"><span style="font-size: 1em;"><span style="color: rgb(116,
        116, 116); font-family: 新細明體 , serif; font-weight: bold;"></span><span
        style="color: rgb(116, 116, 116); font-family: 新細明體 , serif; font-
        weight: bold;">應用科學系 </span></span></a></p>
211 <p style="text-align: center; margin-top: 0px; margin-bottom: 0px;"><a
        href="https://aa.nttu.edu.tw/var/file/2/1002/img/108_SAP2_1080530.docx"
        title="SAP2"><span style="font-size: 1em;"><span style="color: rgb(116,
        116, 116); font-family: 新細明體 , serif; font-weight: bold;"></span><span
        style="color: rgb(116, 116, 116); font-family: 新細明體 , serif; font-
        weight: bold;">應用物理組 </span></span></a></p>
212 </td>
213 <td style="border-color: rgb(236, 233, 216) windowtext windowtext rgb(236,
        233, 216); padding: 0cm; width: 42px; height: 42px; vertical-align: top;
        border-right-width: 1pt; border-bottom-width: 1pt; border-right-style:
        solid; border-bottom-style: solid;">
214 <p style="text-align: center; margin-top: 0px; margin-bottom: 0px;"><a
        href="https://aa.nttu.edu.tw/var/file/2/1002/img/1520/108_SAP2_1080530.pdf"
        title="SAP2"><span style="font-size: 1em;"><span style="color: rgb(116,
        116, 116); font-weight: bold;"><span style="font-family: calibri;"><img
        alt="" src="http://daa.nttu.edu.tw/ezfiles/26/1026/img/18/2.bmp"
        style="padding: 0px 5px 5px 0px; border: 0px currentColor; width: 34px;
        height: 33px;"></span><span style="font-family: 新細明體 , serif;"></span></
        span></span></a></p>
215 </td>
216 </tr>
217 <tr style="height: 42px;">
218 <td style="border-color: rgb(236, 233, 216) windowtext windowtext;
        padding: 0cm 1.4pt; width: 181px; height: 42px; vertical-align: top;
```

```
    border-right-width: 1pt; border-bottom-width: 1pt; border-left-width: 1pt;
    border-right-style: solid; border-bottom-style: solid; border-left-style:
    solid;">
219 <p style="text-align: center; margin-top: 0px; margin-bottom: 0px;"><a
    href="https://aa.nttu.edu.tw/var/file/2/1002/img/108_EEC_2_1080530.docx"
    title="EEC-2"><span style="font-size: 1em;"><span style="color: rgb(116,
    116, 116); font-family: 新細明體，serif; font-weight: bold;">幼兒教育學系碩士
    班</span></span></a></p>
220 </td>
221 <td style="border-color: rgb(236, 233, 216) windowtext windowtext rgb(236,
    233, 216); padding: 0cm; width: 38px; height: 42px; vertical-align: top;
    border-right-width: 1pt; border-bottom-width: 1pt; border-right-style:
    solid; border-bottom-style: solid;">
222 <p style="text-align: center; margin-top: 0px; margin-bottom: 0px;"><a
    href="https://aa.nttu.edu.tw/var/file/2/1002/img/108_EEC_2_1080530.docx"
    title="EEC_2"><span style="font-size: 1em;"><span style="color: rgb(116,
    116, 116); font-weight: bold;"><span style="font-family: calibri;"><img
    alt="" src="http://daa.nttu.edu.tw/ezfiles/26/1026/img/18/2.bmp"
    style="padding: 0px 5px 5px 0px; border: 0px currentColor; width: 34px;
    height: 33px;"></span><span style="font-family: 新細明體，serif;"></span></
    span></span></a></p>
223 </td>
224 <td style="border-color: rgb(236, 233, 216) windowtext windowtext rgb(236,
    233, 216); padding: 0cm 1.4pt; width: 179px; height: 42px; vertical-align:
    top; border-right-width: 1pt; border-bottom-width: 1pt; border-right-
    style: solid; border-bottom-style: solid; background-color: rgb(255, 255,
    204);">
225 <p style="text-align: center; margin-top: 0px; margin-bottom: 0px;"><a
    href="https://aa.nttu.edu.tw/var/file/2/1002/img/108_HPC_1_1080530.doc"
    title="HPC"><span style="font-size: 1em;"><span style="color: rgb(116,
    116, 116); font-family: 新細明體，serif; font-weight: bold;">公共與文化事務
    學系</span></span></a><span style="font-size: 1em;"><span style="color:
    rgb(116, 116, 116); font-family: 新細明體，serif; font-weight: bold;"></
    span></span></p>
226 </td>
227 <td style="border-color: rgb(236, 233, 216) windowtext windowtext rgb(236,
    233, 216); padding: 0cm; width: 40px; height: 42px; vertical-align: top;
    border-right-width: 1pt; border-bottom-width: 1pt; border-right-style:
    solid; border-bottom-style: solid; background-color: rgb(255, 255, 204);">
228 <p style="text-align: center; margin-top: 0px; margin-bottom: 0px;"><a
    href="https://aa.nttu.edu.tw/var/file/2/1002/img/1520/108_HPC_1_1080530.
```

```
    pdf" title="HPC_1"><span style="font-size: 1em;"><span style="color:
    rgb(116, 116, 116); font-weight: bold;"><span style="font-family:
    calibri;"><img alt="" src="http://daa.nttu.edu.tw/ezfiles/26/1026/
    img/18/2.bmp" style="padding: 0px 5px 5px 0px; border: 0px currentColor;
    width: 34px; height: 33px;"></span><span style="font-family: 新細明體，
    serif;"></span></span></span></a></p>
229 </td>
230 <td style="border-color: rgb(236, 233, 216) windowtext windowtext rgb(236,
    233, 216); padding: 0cm 1.4pt; width: 196px; height: 42px; vertical-align:
    top; border-right-width: 1pt; border-bottom-width: 1pt; border-right-
    style: solid; border-bottom-style: solid;">
231 <p style="text-align: center; margin-top: 0px; margin-bottom: 0px;"><a
    href="https://aa.nttu.edu.tw/var/file/2/1002/img/108_SAP_2_1080530.docx"
    title="SAP-2"><span style="font-size: 1em;"><span style="color: rgb(116,
    116, 116); font-family: 新細明體，serif; font-weight: bold;">應用科學系碩士班
    </span></span></a></p>
232 </td>
233 <td style="border-color: rgb(236, 233, 216) windowtext windowtext rgb(236,
    233, 216); padding: 0cm; width: 42px; height: 42px; vertical-align: top;
    border-right-width: 1pt; border-bottom-width: 1pt; border-right-style:
    solid; border-bottom-style: solid;">
234 <p style="text-align: center; margin-top: 0px; margin-bottom: 0px;"><a
    href="https://aa.nttu.edu.tw/var/file/2/1002/img/1520/108_SAP_2_1080530.
    pdf" title="SAP_2"><span style="font-size: 1em;"><span style="color:
    rgb(116, 116, 116); font-weight: bold; text-decoration: none;"><span
    style="color: windowtext;"><span style="font-family: calibri;"><img alt=""
    src="http://daa.nttu.edu.tw/ezfiles/26/1026/img/18/2.bmp" style="padding:
    0px 5px 5px 0px; border: 0px currentColor; width: 34px; height: 33px;"></
    span></span></span><b><span style="font-family: 新細明體，serif;"></span></
    b></span></a></p>
235 </td>
236 </tr>
237 <tr>
238 <td style="border-color: rgb(236, 233, 216) windowtext windowtext;
    padding: 0cm 1.4pt; width: 181px; height: 42px; text-align: center;
    vertical-align: top; border-right-width: 1pt; border-bottom-width: 1pt;
    border-left-width: 1pt; border-right-style: solid; border-bottom-style:
    solid; border-left-style: solid;"><a href="https://aa.nttu.edu.tw/var/
    file/2/1002/img/108_EEI_1080530.docx" title="EEI"><span style="font-size:
    0.87em;"><span style="color: rgb(116, 116, 116); font-family: 新細明體，
    serif; font-weight: bold;">幼兒教育學系原住民專班 </span></span></a></td>
```

239 `<td style="border-color: rgb(236, 233, 216) windowtext windowtext rgb(236, 233, 216); padding: 0cm; width: 38px; height: 42px; vertical-align: top; border-right-width: 1pt; border-bottom-width: 1pt; border-right-style: solid; border-bottom-style: solid;"><a href="https://aa.nttu.edu.tw/var/file/2/1002/img/1520/108_EEI_1080530.pdf" title="EEI"><span style="font-size: 1em;"><img alt="" src="http://daa.nttu.edu.tw/ezfiles/26/1026/img/18/2.bmp" style="padding: 0px 5px 5px 0px; border: 0px currentColor; width: 34px; height: 33px;"></span></a></td>`

240 `<td style="border-color: rgb(236, 233, 216) windowtext windowtext rgb(236, 233, 216); padding: 0cm 1.4pt; width: 179px; height: 42px; vertical-align: top; border-right-width: 1pt; border-bottom-width: 1pt; border-right-style: solid; border-bottom-style: solid; background-color: rgb(255, 255, 204);">`

241 `<p style="text-align: center; margin-top: 0px; margin-bottom: 0px;"><a href="https://aa.nttu.edu.tw/var/file/2/1002/img/108_HPC_2P_1080530.doc" title="HPC-2P"><span style="font-size: 1em;"><span style="color: rgb(116, 116, 116); font-family: 新細明體, serif; font-weight: bold;">公共與文化事務學系</span></span></a></p>`

242 `<p style="text-align: center; margin-top: 0px; margin-bottom: 0px;"><a href="https://aa.nttu.edu.tw/var/file/2/1002/img/108_HPC_2P_1080530.doc" title="HPC-2P"><span style="font-size: 1em;"><span style="color: rgb(116, 116, 116); font-family: 新細明體, serif; font-weight: bold;">公共事務研究碩士班</span></span></a></p>`

243 `</td>`

244 `<td style="border-color: rgb(236, 233, 216) windowtext windowtext rgb(236, 233, 216); padding: 0cm; width: 40px; height: 42px; vertical-align: top; border-right-width: 1pt; border-bottom-width: 1pt; border-right-style: solid; border-bottom-style: solid; background-color: rgb(255, 255, 204);"><a href="https://aa.nttu.edu.tw/var/file/2/1002/img/1520/108_HPC_2P_1080530.pdf" title="HPC_2P"><span style="font-size: 1em;"><img alt="" src="http://daa.nttu.edu.tw/ezfiles/26/1026/img/18/2.bmp" style="padding: 0px 5px 5px 0px; border: 0px currentColor; width: 34px; height: 33px;"></span></a></td>`

245 `<td style="border-color: rgb(236, 233, 216) windowtext windowtext rgb(236, 233, 216); padding: 0cm 1.4pt; width: 196px; height: 42px; vertical-align: top; border-right-width: 1pt; border-bottom-width: 1pt; border-right-style: solid; border-bottom-style: solid;">`

246 `<p style="text-align: center; margin-top: 0px; margin-bottom: 0px;"><span style="font-size: 1em;"><span style="color: rgb(116, 116, 116); font-family: 新細明體, serif; font-weight: bold;">綠色與資訊科技</span></span></p>`

```
247  <p style="text-align: center; margin-top: 0px; margin-bottom: 0px;"><span
     style="font-size: 1em;"><span style="color: rgb(116, 116, 116); font-
     family: 新細明體 , serif; font-weight: bold;"> 學士學位學程 </span></span></p>
248  </td>
249  <td style="border-color: rgb(236, 233, 216) windowtext windowtext rgb(236,
     233, 216); padding: 0cm; width: 42px; height: 42px; vertical-align: top;
     border-right-width: 1pt; border-bottom-width: 1pt; border-right-style:
     solid; border-bottom-style: solid;"><a href="https://aa.nttu.edu.tw/var/
     file/2/1002/img/1520/108_SGI_1080530.pdf" title="SGI"><span style="font-
     size: 1em;"><img alt="" src="http://daa.nttu.edu.tw/ezfiles/26/1026/
     img/18/2.bmp" style="padding: 0px 5px 5px 0px; border: 0px currentColor;
     width: 34px; height: 33px;"></span></a></td>
250  </tr>
251  <tr>
252  <td style="border-color: rgb(236, 233, 216) windowtext windowtext;
     padding: 0cm 1.4pt; width: 181px; height: 42px; vertical-align: top;
     border-right-width: 1pt; border-bottom-width: 1pt; border-left-width: 1pt;
     border-right-style: solid; border-bottom-style: solid; border-left-style:
     solid;">
253  <p style="text-align: center;"><a href="https://aa.nttu.edu.tw/var/
     file/2/1002/img/108_EEZ1080530.docx" title="EEZ"><span style="font-size:
     0.87em;"> 幼兒教育學系學士後第二專長學位學程教保員專班 </span></a></p>
254  </td>
255  <td style="border-color: rgb(236, 233, 216) windowtext windowtext rgb(236,
     233, 216); padding: 0cm; width: 38px; height: 42px; vertical-align: top;
     border-right-width: 1pt; border-bottom-width: 1pt; border-right-style:
     solid; border-bottom-style: solid;"><a href="https://aa.nttu.edu.tw/var/
     file/2/1002/img/1520/108_EEZ1080530.pdf" title="EEZ"><span style="font-
     size: 1em;"><img alt="" src="http://daa.nttu.edu.tw/ezfiles/26/1026/
     img/18/2.bmp" style="padding: 0px 5px 5px 0px; border: 0px currentColor;
     width: 34px; height: 33px;"></span></a></td>
256  <td style="border-color: rgb(236, 233, 216) windowtext windowtext rgb(236,
     233, 216); padding: 0cm 1.4pt; width: 179px; height: 42px; vertical-align:
     top; border-right-width: 1pt; border-bottom-width: 1pt; border-right-style:
     solid; border-bottom-style: solid; background-color: rgb(255, 255, 204);">
257  <p style="text-align: center; margin-top: 0px; margin-bottom: 0px;"><a
     href="https://aa.nttu.edu.tw/var/file/2/1002/img/108_HPC_2S_1080530.docx"
     title="HPC-2S"><span style="font-size: 1em;"><span style="color: rgb(116,
     116, 116); font-family: 新細明體 , serif; font-weight: bold;"></span><span
     style="color: rgb(116, 116, 116); font-family: 新細明體 , serif; font-
     weight: bold;"> 公共與文化事務學系 </span></span></a></p>
```

258 `<p style="text-align: center; margin-top: 0px; margin-bottom: 0px;"><a href="https://aa.nttu.edu.tw/var/file/2/1002/img/108_HPC_2S_1080530.docx" title="HPC-2S"><span style="font-size: 1em;"><span style="color: rgb(116, 116, 116); font-family: 新細明體 , serif; font-weight: bold;"></span><span style="color: rgb(116, 116, 116); font-family: 新細明體 , serif; font-weight: bold;">南島文化研究碩士班 </span></span></a></p>`

259 `</td>`

260 `<td style="border-color: rgb(236, 233, 216) windowtext windowtext rgb(236, 233, 216); padding: 0cm; width: 40px; height: 42px; vertical-align: top; border-right-width: 1pt; border-bottom-width: 1pt; border-right-style: solid; border-bottom-style: solid; background-color: rgb(255, 255, 204);"><a href="https://aa.nttu.edu.tw/var/file/2/1002/img/1520/108_HPC_2S_1080530.pdf" title="HPC_2S"><span style="font-size: 1em;"><img alt="" src="http://daa.nttu.edu.tw/ezfiles/26/1026/img/18/2.bmp" style="padding: 0px 5px 5px 0px; border: 0px currentColor; width: 34px; height: 33px;"></span></a></td>`

261 `<td style="border-color: rgb(236, 233, 216) windowtext windowtext rgb(236, 233, 216); padding: 0cm 1.4pt; width: 196px; height: 42px; vertical-align: top; border-right-width: 1pt; border-bottom-width: 1pt; border-right-style: solid; border-bottom-style: solid;">`

262 `<p style="text-align: center; margin-top: 0px; margin-bottom: 0px;"><span style="font-size: 1em;"><a href="/var/file/2/1002/img/1520/108_SHC_1071213.docx"><span style="font-family: 新細明體 , serif;"><span style="color: rgb(116, 116, 116); font-family: 新細明體 , serif; font-weight: bold;">高齡健康與護理管理 </span></span></a></span></p>`

263 `<p style="text-align: center; margin-top: 0px; margin-bottom: 0px;"><span style="font-size: 1em;"><a href="/var/file/2/1002/img/1520/108_SHC_1071213.docx"><span style="font-family: 新細明體 , serif;"><span style="color: rgb(116, 116, 116); font-family: 新細明體 , serif; font-weight: bold;">原住民專班 </span></span></a></span></p>`

264 `</td>`

265 `<td style="border-color: rgb(236, 233, 216) windowtext windowtext rgb(236, 233, 216); padding: 0cm; width: 42px; height: 42px; vertical-align: top; border-right-width: 1pt; border-bottom-width: 1pt; border-right-style: solid; border-bottom-style: solid;"><a href="https://aa.nttu.edu.tw/var/file/2/1002/img/1520/108_SHC_1071213.pdf" title="SHC"><span style="font-size: 1em;"><img alt="" src="http://daa.nttu.edu.tw/ezfiles/26/1026/img/18/2.bmp" style="padding: 0px 5px 5px 0px; border: 0px currentColor; width: 34px; height: 33px;"></span></a></td>`

266 `</tr>`

267 `<tr style="height: 42px;">`

```
268  <td style="border-color: rgb(236, 233, 216) windowtext windowtext;
     padding: 0cm 1.4pt; width: 181px; height: 42px; vertical-align: top;
     border-right-width: 1pt; border-bottom-width: 1pt; border-left-width: 1pt;
     border-right-style: solid; border-bottom-style: solid; border-left-style:
     solid;">
269  <p style="text-align: center; margin-top: 0px; margin-bottom: 0px;"><span
     style="font-size: 1em;"><span style="color: rgb(116, 116, 116); font-
     family: 新細明體 , serif; font-weight: bold;"> 特殊教育學系 </span></span></p>
270  </td>
271  <td style="border-color: rgb(236, 233, 216) windowtext windowtext rgb(236,
     233, 216); padding: 0cm; width: 38px; height: 42px; vertical-align: top;
     border-right-width: 1pt; border-bottom-width: 1pt; border-right-style:
     solid; border-bottom-style: solid;">
272  <p style="text-align: center; margin-top: 0px; margin-bottom: 0px;"><a
     href="https://aa.nttu.edu.tw/var/file/2/1002/img/1520/108_ESP_1_1080530.
     pdf" title="ESP_1"><span style="font-size: 1em;"><span style="color:
     rgb(116, 116, 116); font-weight: bold;"><span style="font-family:
     calibri;"><img alt="" src="http://daa.nttu.edu.tw/ezfiles/26/1026/img/18/2.
     bmp" style="padding: 0px 5px 5px 0px; border: 0px currentColor; width:
     34px; height: 33px;"></span><span style="font-family: 新細明體 , serif;"></
     span></span></span></a></p>
273  </td>
274  <td style="border-color: rgb(236, 233, 216) windowtext windowtext rgb(236,
     233, 216); padding: 0cm 1.4pt; width: 179px; height: 42px; vertical-align:
     top; border-right-width: 1pt; border-bottom-width: 1pt; border-right-
     style: solid; border-bottom-style: solid; background-color: rgb(255, 255,
     204);">
275  <p style="text-align: center; margin-top: 0px; margin-bottom: 0px;"> </p>
276  <p style="text-align: center; margin-top: 0px; margin-bottom: 0px;"><span
     style="font-size: 1em;"><span style="color: rgb(116, 116, 116); font-
     family: 新細明體 , serif; font-weight: bold;"></span></span></p>
277  </td>
278  <td style="border-color: rgb(236, 233, 216) windowtext windowtext rgb(236,
     233, 216); padding: 0cm; width: 40px; height: 42px; vertical-align: top;
     border-right-width: 1pt; border-bottom-width: 1pt; border-right-style:
     solid; border-bottom-style: solid; background-color: rgb(255, 255, 204);">
279  <p style="text-align: center; margin-top: 0px; margin-bottom: 0px;"><span
     style="font-size: 1em;"><span style="color: rgb(116, 116, 116); font-
     weight: bold;"><span style="font-family: calibri;"></span></span></span></
     p>
280  </td>
```

```
281  <td style="border-color: rgb(236, 233, 216) windowtext windowtext rgb(236,
     233, 216); padding: 0cm 1.4pt; width: 196px; height: 42px; text-align:
     center; vertical-align: top; border-right-width: 1pt; border-bottom-
     width: 1pt; border-right-style: solid; border-bottom-style: solid;"><span
     style="font-size: 1em;"><span style="color: rgb(116, 116, 116); font-
     family: 新細明體, serif; font-weight: bold;"></span></span>
282  <p style="margin-top: 0px; margin-bottom: 0px;"><a href="https://aa.nttu.
     edu.tw/var/file/2/1002/img/108_SEC_2_1080530.docx" title="SEC-2"><span
     style="font-size: 1em;"><span style="color: rgb(116, 116, 116); font-
     family: 新細明體, serif; font-weight: bold;"><span style="font-family: 新細
     明體, serif;"><span style="color: rgb(116, 116, 116); font-family: 新細明
     體, serif; font-weight: bold;">生物醫學碩士學位學程</span></span></span></
     span></a></p>
283  <p style="margin-top: 0px; margin-bottom: 0px;"> </p>
284  </td>
285  <td style="border-color: rgb(236, 233, 216) windowtext windowtext
     rgb(236, 233, 216); padding: 0cm; width: 42px; height: 42px; text-align:
     center; vertical-align: top; border-right-width: 1pt; border-bottom-
     width: 1pt; border-right-style: solid; border-bottom-style: solid;"><a
     href="https://aa.nttu.edu.tw/var/file/2/1002/img/1520/108_SEC_2_1080530.
     pdf" title="SEC_2"><span style="font-size: 1em;"><span style="border-
     color: currentColor; border-image: initial;"><b><img alt="" src="http://
     daa.nttu.edu.tw/ezfiles/26/1026/img/18/2.bmp" style="padding: 0px 5px 5px
     0px; border: 0px currentColor; width: 34px; height: 33px;"></b></span></
     span></a></td>
286  </tr>
287  <tr style="height: 42px;">
288  <td style="border-color: rgb(236, 233, 216) windowtext windowtext;
     padding: 0cm 1.4pt; width: 181px; height: 42px; vertical-align: top;
     border-right-width: 1pt; border-bottom-width: 1pt; border-left-width: 1pt;
     border-right-style: solid; border-bottom-style: solid; border-left-style:
     solid;">
289  <p style="text-align: center; margin-top: 0px; margin-bottom: 0px;"><span
     style="font-size: 1em;"><span style="color: rgb(116, 116, 116); font-
     family: 新細明體, serif; font-weight: bold;">特殊教育學系碩士班</span></
     span></p>
290  </td>
291  <td style="border-color: rgb(236, 233, 216) windowtext windowtext rgb(236,
     233, 216); padding: 0cm; width: 38px; height: 42px; vertical-align: top;
     border-right-width: 1pt; border-bottom-width: 1pt; border-right-style:
     solid; border-bottom-style: solid;">
```

```
292  <p style="text-align: center; margin-top: 0px; margin-bottom: 0px;"><a
     href="https://aa.nttu.edu.tw/var/file/2/1002/img/1520/108_ESP_2_1080530.
     pdf" title="ESP_2"><span style="font-size: 1em;"><span style="color:
     rgb(116, 116, 116); font-weight: bold;"><span style="font-family:
     calibri;"><img alt="" src="http://daa.nttu.edu.tw/ezfiles/26/1026/
     img/18/2.bmp" style="padding: 0px 5px 5px 0px; border: 0px currentColor;
     width: 34px; height: 33px;"></span><span style="font-family: 新細明體,
     serif;"></span></span></span></p>
```

在下一篇章節中，筆者將會展示將上述所拿到的 HTML 內容進行網站爬蟲之
實做。

實做指定年度課程綱要網站爬蟲

從上一篇章節可以得知，每一個年度所對應到的課程綱要網站連結，那我們拿 108 年度課程綱要連結為例子，來做實做爬蟲的目標網站。網站爬蟲實做步驟如下：

首先，先執行下列的指令，將運行爬蟲的容器環境啟動：

```
01   # 停止 php_crawler 容器並刪除此名字
02   docker stop php_crawler; docker rm php_crawler
03   # 啟動容器並取名字為 php_crawler 並跑在背景中
04   docker run --name=php_crawler -it -d php_crawler bash
```

接著針對此網站：https://aa.nttu.edu.tw/p/412-1002-8645.php?Lang=zh-tw，接著按照之前分析的方式，把所有的 td 標籤擷取過一遍，相關的程式碼如下：

```
01   <?php
02
03   require_once __DIR__ . '/vendor/autoload.php';
04
05   use GuzzleHttp\Client;
06   use Symfony\Component\DomCrawler\Crawler;
07
08   $latestNews = 'https://aa.nttu.edu.tw/p/412-1002-8645.php?Lang=zh-tw';
09   $client = new Client();
10   $response = $client->request('GET', $latestNews);
11
12   $courseOutlineString = (string)$response->getBody();
13
14   $columnStrings = [];
15
16   $crawler = new Crawler($courseOutlineString);
17
18   $crawler
19       ->filter('td')
```

```
20      ->reduce(function (Crawler $node, $i) {
21          global $columnStrings;
22          $columnStrings[] = $node->text();
23      });
24
25  var_dump($columnStrings);
```

那這樣輸出就是所有的「td」標籤中的標題了，接著將上述程式碼存成「lab2-1-1.php」並將此程式利用下列指令複製到運行爬蟲的容器：

```
01  docker cp lab2-1-1.php php_crawler:/root/
02  docker exec php_crawler php lab2-1-1.php
```

執行程式後所輸出的結果如下：

```
01  array(121) {
02    [0]=>
03    string(86) "
04  國立臺東大學 108 學年度　課程綱要
05  〈108 學年度入學學生適用〉
06  "
07    [1]=>
08    string(89) "
09  全校課程總綱
10  〈含全校課程架構、實施要點、科目碼編號原則〉
11  "
12    [2]=>
13    string(22) "
14  通識教育課程
15  "
16    [3]=>
17    string(14) "
18  師範學院
19  "
20    [4]=>
21    string(14) "
22  人文學院
23  "
24    [5]=>
25    string(14) "
```

```
26    理工學院
27    "
28      [6]=>
29      string(26) "
30    師範學院課程架構
31    "
32      [7]=>
33      string(2) "
34
35    "
36      [8]=>
37      string(26) "
38    人文學院課程架構
39    "
40      [9]=>
41      string(2) "
42
43    "
44      [10]=>
45      string(26) "
46    理工學院課程架構
47    "
48      [11]=>
49      string(2) "
50
51    "
52      [12]=>
53      string(20) "
54    專業教育課程
55    "
56      [13]=>
57      string(2) "
58
59    "
60      [14]=>
61      string(14) "
62    音樂學系
63    "
64      [15]=>
65      string(2) "
66
```

```
67    "
68      [16]=>
69      string(17)  "
70    應用數學系
71    "
72      [17]=>
73      string(2)  "
74
75    "
76      [18]=>
77      string(14)  "
78    教育學系
79    "
80      [19]=>
81      string(2)  "
82
83    "
84      [20]=>
85      string(23)  "
86    音樂學系碩士班
87    "
88      [21]=>
89      string(2)  "
90
91    "
92      [22]=>
93      string(20)  "
94    資訊管理學系
95    "
96      [23]=>
97      string(2)  "
98
99    "
100     [24]=>
101     string(37)  "
102   教育學系 -
103   教育研究碩士班
104   "
105     [25]=>
106     string(2)  "
107
```

```
108   "
109     [26]=>
110     string(20) "
111 英美語文學系
112   "
113     [27]=>
114     string(2) "
115
116   "
117     [28]=>
118     string(29) "
119 資訊管理學系碩士班
120   "
121     [29]=>
122     string(2) "
123
124   "
125     [30]=>
126     string(40) "
127 教育學系 -
128 課程與教學碩士班
129   "
130     [31]=>
131     string(2) "
132
133   "
134     [32]=>
135     string(17) "
136 華語文學系
137   "
138     [33]=>
139     string(2) "
140
141   "
142     [34]=>
143     string(20) "
144 資訊工程學系
145   "
146     [35]=>
147     string(2) "
148
```

```
149  "
150     [36]=>
151     string(37) "
152  教育學系 -
153  教育研究博士班
154  "
155     [37]=>
156     string(2) "
157
158  "
159     [38]=>
160     string(26) "
161  華語文學系碩士班
162  "
163     [39]=>
164     string(2) "
165
166  "
167     [40]=>
168     string(17) "
169  生命科學系
170  "
171     [41]=>
172     string(2) "
173
174  "
175     [42]=>
176     string(14) "
177  體育學系
178  "
179     [43]=>
180     string(2) "
181
182  "
183     [44]=>
184     string(20) "
185  美術產業學系
186  "
187     [45]=>
188     string(2) "
189
```

```
190  "
191    [46]=>
192    string(26) "
193  生命科學系碩士班
194  "
195    [47]=>
196    string(2) "
197
198  "
199    [48]=>
200    string(23) "
201  體育學系碩士班
202  "
203    [49]=>
204    string(2) "
205
206  "
207    [50]=>
208    string(41) "
209  身心整合與運動休閒產業學系
210  "
211    [51]=>
212    string(2) "
213
214  "
215    [52]=>
216    string(42) "
217  應用科學系
218  化學及奈米科學組
219  "
220    [53]=>
221    string(2) "
222
223  "
224    [54]=>
225    string(20) "
226  幼兒教育學系
227  "
228    [55]=>
229    string(2) "
230
```

```
231  "
232    [56]=>
233    string(45) "
234  兒童文學研究所
235  （碩、博士班）
236  "
237    [57]=>
238    string(2) "
239
240  "
241    [58]=>
242    string(33) "
243  應用科學系
244  應用物理組
245  "
246    [59]=>
247    string(2) "
248
249  "
250    [60]=>
251    string(29) "
252  幼兒教育學系碩士班
253  "
254    [61]=>
255    string(2) "
256
257  "
258    [62]=>
259    string(29) "
260  公共與文化事務學系
261  "
262    [63]=>
263    string(2) "
264
265  "
266    [64]=>
267    string(26) "
268  應用科學系碩士班
269  "
270    [65]=>
271    string(2) "
```

```
272
273   "
274     [66]=>
275     string(33) " 幼兒教育學系原住民專班 "
276     [67]=>
277     string(0) ""
278     [68]=>
279     string(57) "
280  公共與文化事務學系
281  公共事務研究碩士班
282  "
283     [69]=>
284     string(0) ""
285     [70]=>
286     string(42) "
287  綠色與資訊科技
288  學士學位學程
289  "
290     [71]=>
291     string(0) ""
292     [72]=>
293     string(70) "
294    幼兒教育學系學士後第二專長學位學程教保員專班
295  "
296     [73]=>
297     string(0) ""
298     [74]=>
299     string(57) "
300  公共與文化事務學系
301  南島文化研究碩士班
302  "
303     [75]=>
304     string(0) ""
305     [76]=>
306     string(45) "
307  高齡健康與護理管理
308  原住民專班
309  "
310     [77]=>
311     string(0) ""
312     [78]=>
```

```
313    string(20) "
314 特殊教育學系
315 "
316    [79]=>
317    string(2) "
318
319 "
320    [80]=>
321    string(5) "
322
323
324 "
325    [81]=>
326    string(2) "
327
328 "
329    [82]=>
330    string(35) "
331 生物醫學碩士學位學程
332
333 "
334    [83]=>
335    string(0) ""
336    [84]=>
337    string(29) "
338 特殊教育學系碩士班
339 "
340    [85]=>
341    string(2) "
342
343 "
344    [86]=>
345    string(5) "
346
347
348 "
349    [87]=>
350    string(2) "
351
352 "
353    [88]=>
```

```
354    string(4) "
355
356    "
357      [89]=>
358      string(2) " "
359      [90]=>
360      string(35) "
361    數位媒體與文教產業學系
362    "
363      [91]=>
364      string(2) "
365
366    "
367      [92]=>
368      string(2) " "
369      [93]=>
370      string(2) " "
371      [94]=>
372      string(2) "
373
374    "
375      [95]=>
376      string(2) " "
377      [96]=>
378      string(35) "
379    文化資源與休閒產業學系
380    "
381      [97]=>
382      string(2) "
383
384    "
385      [98]=>
386      string(2) " "
387      [99]=>
388      string(2) " "
389      [100]=>
390      string(2) " "
391      [101]=>
392      string(2) " "
393      [102]=>
394      string(45) "
```

```
395   文化資源與休閒產業學系
396   碩士班
397   "
398     [103]=>
399     string(2) "
400
401   "
402     [104]=>
403     string(2) " "
404     [105]=>
405     string(2) " "
406     [106]=>
407     string(2) " "
408     [107]=>
409     string(2) " "
410     [108]=>
411     string(32) "
412   運動競技學士學位學程
413   "
414     [109]=>
415     string(2) "
416
417   "
418     [110]=>
419     string(2) " "
420     [111]=>
421     string(2) " "
422     [112]=>
423     string(2) " "
424     [113]=>
425     string(2) " "
426     [114]=>
427     string(32) "
428   師資職前教育專業課程
429   "
430     [115]=>
431     string(14) "
432   小教學程
433   "
434     [116]=>
435     string(2) "
```

```
436
437   "
438     [117]=>
439     string(14) "
440 特教學程
441   "
442     [118]=>
443     string(2) "
444
445   "
446     [119]=>
447     string(2) " "
448     [120]=>
449     string(2) " "
450 }
```

從上述這樣的擷取可以發現，這樣只能擷取到每一個課綱的分類名稱，並沒有相關的檔案條列在上面，因此要解決這個問題，我剛好發現下面的標籤訊息：

```
01   <a href="https://aa.nttu.edu.tw/var/file/2/1002/img/1520/108_UGE_1080507.
     docx" title="UGE">通識教育課程</a>
```

從上面的 a 標籤訊息可以知道，裡面含有標題名稱與這個課綱檔案連結，所以我們可以把擷取訊息的方式改成下面這樣的方式：

```
01   <?php
02
03   require_once __DIR__ . '/vendor/autoload.php';
04
05   use GuzzleHttp\Client;
06   use Symfony\Component\DomCrawler\Crawler;
07
08   $latestNews = 'https://aa.nttu.edu.tw/p/412-1002-8645.php?Lang=zh-tw';
09   $client = new Client();
10   $response = $client->request('GET', $latestNews);
11
12   $courseOutlineString = (string)$response->getBody();
13
```

```
14  $courseStrings = [];
15  $index = 0;
16
17  $crawler = new Crawler($courseOutlineString);
18
19  $crawler
20      ->filter('table a')
21      ->reduce(function (Crawler $node, $i) {
22          global $courseStrings;
23          global $index;
24          $courseStrings[$index]['data_link'] = $node->attr('href');
25          $courseStrings[$index]['title'] = $node->text();
26          $index += 1;
27      });
28
29  var_dump($courseStrings);
```

得到的輸出結果如下：

```
01  array(100) {
02    [0]=>
03    array(2) {
04      ["data_link"]=>
05      string(64) "https://aa.nttu.edu.tw/var/file/2/1002/img/108_NTTU_1080530.docx"
06      ["title"]=>
07      string(20) " 全校課程總綱 "
08    }
09    [1]=>
10    array(2) {
11      ["data_link"]=>
12      string(64) "https://aa.nttu.edu.tw/var/file/2/1002/img/108_NTTU_1080530.docx"
13      ["title"]=>
14      string(0) ""
15    }
16    [?]=>
17    array(2) {
18      ["data_link"]=>
19      string(68) "https://aa.nttu.edu.tw/var/file/2/1002/img/1520/108_UGE_1080507.docx"
20      ["title"]=>
21      string(18) " 通識教育課程 "
22    }
```

```
23    [3]=>
24    array(2) {
25      ["data_link"]=>
26      string(67) "https://aa.nttu.edu.tw/var/file/2/1002/img/1520/108_UGE_1080507.pdf"
27      ["title"]=>
28      string(0) ""
29    }
30    [4]=>
31    array(2) {
32      ["data_link"]=>
33      string(68) "https://aa.nttu.edu.tw/var/file/2/1002/img/1520/108_EDC_1080530.docx"
34      ["title"]=>
35      string(24) " 師範學院課程架構 "
36    }
37    [5]=>
38    array(2) {
39      ["data_link"]=>
40      string(68) "https://aa.nttu.edu.tw/var/file/2/1002/img/1520/108_EDC_1080530.docx"
41      ["title"]=>
42      string(0) ""
43    }
44    [6]=>
45    array(2) {
46      ["data_link"]=>
47      string(68) "https://aa.nttu.edu.tw/var/file/2/1002/img/1520/108_HSC_1080418.docx"
48      ["title"]=>
49      string(24) " 人文學院課程架構 "
50    }
51    [7]=>
52    array(2) {
53      ["data_link"]=>
54      string(67) "https://aa.nttu.edu.tw/var/file/2/1002/img/1520/108_HSC_1080418.pdf"
55      ["title"]=>
56      string(0) ""
57    }
58    [8]=>
59    array(2) {
60      ["data_link"]=>
61      string(63) "https://aa.nttu.edu.tw/var/file/2/1002/img/108_SEC_1080418.docx"
62      ["title"]=>
63      string(24) " 理工學院課程架構 "
```

```
64      }
65      [9]=>
66      array(2) {
67        ["data_link"]=>
68        string(67) "https://aa.nttu.edu.tw/var/file/2/1002/img/1520/108_SEC_1080418.pdf"
69        ["title"]=>
70        string(0) ""
71      }
72      [10]=>
73      array(2) {
74        ["data_link"]=>
75        string(61) "https://aa.nttu.edu.tw/var/file/2/1002/img/1520/108_CTE2.docx"
76        ["title"]=>
77        string(18) "專業教育課程"
78      }
79      [11]=>
80      array(2) {
81        ["data_link"]=>
82        string(61) "https://aa.nttu.edu.tw/var/file/2/1002/img/1520/108_CTE2.docx"
83        ["title"]=>
84        string(0) ""
85      }
86      [12]=>
87      array(2) {
88        ["data_link"]=>
89        string(65) "https://aa.nttu.edu.tw/var/file/2/1002/img/108_HMU_1_1080530.docx"
90        ["title"]=>
91        string(12) "音樂學系"
92      }
93      [13]=>
94      array(2) {
95        ["data_link"]=>
96        string(69) "https://aa.nttu.edu.tw/var/file/2/1002/img/1520/108_HMU_1_1080530.pdf"
97        ["title"]=>
98        string(0) ""
99      }
100     [14]=>
101     array(2) {
102       ["data_link"]=>
103       string(67) "https://aa.nttu.edu.tw/var/file/2/1002/img/1520/108_SMA_1080530.pdf"
104       ["title"]=>
```

```
105    string(0) ""
106  }
107  [15]=>
108  array(2) {
109    ["data_link"]=>
110    string(69) "https://aa.nttu.edu.tw/var/file/2/1002/img/1520/108_EED_1_1080530.pdf"
111    ["title"]=>
112    string(12) " 教育學系 "
113  }
114  [16]=>
115  array(2) {
116    ["data_link"]=>
117    string(69) "https://aa.nttu.edu.tw/var/file/2/1002/img/1520/108_EED_1_1080530.pdf"
118    ["title"]=>
119    string(0) ""
120  }
121  [17]=>
122  array(2) {
123    ["data_link"]=>
124    string(64) "https://aa.nttu.edu.tw/var/file/2/1002/img/108_HMU_2_1080530.doc"
125    ["title"]=>
126    string(21) " 音樂學系碩士班 "
127  }
128  [18]=>
129  array(2) {
130    ["data_link"]=>
131    string(69) "https://aa.nttu.edu.tw/var/file/2/1002/img/1520/108_HMU_2_1080530.pdf"
132    ["title"]=>
133    string(0) ""
134  }
135  [19]=>
136  array(2) {
137    ["data_link"]=>
138    string(64) "https://aa.nttu.edu.tw/var/file/2/1002/img/108_SIM_1_1080418.doc"
139    ["title"]=>
140    string(18) " 資訊管理學系 "
141  }
142  [20]=>
143  array(2) {
144    ["data_link"]=>
145    string(69) "https://aa.nttu.edu.tw/var/file/2/1002/img/1520/108_SIM_1_1080418.pdf"
```

```
146      ["title"]=>
147      string(0) ""
148    }
149    [21]=>
150    array(2) {
151      ["data_link"]=>
152      string(66) "https://aa.nttu.edu.tw/var/file/2/1002/img/108_EED_21_1080530.docx"
153      ["title"]=>
154      string(13) " 教育學系 -"
155    }
156    [22]=>
157    array(2) {
158      ["data_link"]=>
159      string(66) "https://aa.nttu.edu.tw/var/file/2/1002/img/108_EED_21_1080530.docx"
160      ["title"]=>
161      string(21) " 教育研究碩士班 "
162    }
163    [23]=>
164    array(2) {
165      ["data_link"]=>
166      string(70) "https://aa.nttu.edu.tw/var/file/2/1002/img/1520/108_EED_21_1080530.pdf"
167      ["title"]=>
168      string(0) ""
169    }
170    [24]=>
171    array(2) {
172      ["data_link"]=>
173      string(63) "https://aa.nttu.edu.tw/var/file/2/1002/img/108_HEN_1080530.docx"
174      ["title"]=>
175      string(18) " 英美語文學系 "
176    }
177    [25]=>
178    array(2) {
179      ["data_link"]=>
180      string(67) "https://aa.nttu.edu.tw/var/file/2/1002/img/1520/108_HEN_1080530.pdf"
181      ["title"]=>
182      string(0) ""
183    }
184    [26]=>
185    array(2) {
186      ["data_link"]=>
```

```
187      string(64) "https://aa.nttu.edu.tw/var/file/2/1002/img/108_SIM_2_1080418.doc"
188        ["title"]=>
189      string(27) " 資訊管理學系碩士班 "
190    }
191    [27]=>
192    array(2) {
193      ["data_link"]=>
194      string(69) "https://aa.nttu.edu.tw/var/file/2/1002/img/1520/108_SIM_2_1080418.pdf"
195      ["title"]=>
196      string(0) ""
197    }
198    [28]=>
199    array(2) {
200      ["data_link"]=>
201      string(66) "https://aa.nttu.edu.tw/var/file/2/1002/img/108_EED_23_1080530.docx"
202      ["title"]=>
203      string(13) " 教育學系 -"
204    }
205    [29]=>
206    array(2) {
207      ["data_link"]=>
208      string(66) "https://aa.nttu.edu.tw/var/file/2/1002/img/108_EED_23_1080530.docx"
209      ["title"]=>
210      string(24) " 課程與教學碩士班 "
211    }
212    [30]=>
213    array(2) {
214      ["data_link"]=>
215      string(70) "https://aa.nttu.edu.tw/var/file/2/1002/img/1520/108_EED_23_1080530.pdf"
216      ["title"]=>
217      string(0) ""
218    }
219    [31]=>
220    array(2) {
221      ["data_link"]=>
222      string(69) "http://aa.nttu.edu.tw/var/file/2/1002/img/1520/108_HCL_1_1080530.docx"
223      ["title"]=>
224      string(15) " 華語文學系 "
225    }
226    [32]=>
227    array(2) {
```

```
228    ["data_link"]=>
229    string(70) "https://aa.nttu.edu.tw/var/file/2/1002/img/1520/108_HCL_1_1080530.docx"
230    ["title"]=>
231    string(0) ""
232  }
233  [33]=>
234  array(2) {
235    ["data_link"]=>
236    string(63) "https://aa.nttu.edu.tw/var/file/2/1002/img/108_SIE_1080418.docx"
237    ["title"]=>
238    string(18) " 資訊工程學系 "
239  }
240  [34]=>
241  array(2) {
242    ["data_link"]->
243    string(67) "https://aa.nttu.edu.tw/var/file/2/1002/img/1520/108_SIE_1080418.pdf"
244    ["title"]=>
245    string(0) ""
246  }
247  [35]=>
248  array(2) {
249    ["data_link"]=>
250    string(65) "https://aa.nttu.edu.tw/var/file/2/1002/img/108_EED_3_1080530.docx"
251    ["title"]=>
252    string(13) " 教育學系 -"
253  }
254  [36]=>
255  array(2) {
256    ["data_link"]=>
257    string(65) "https://aa.nttu.edu.tw/var/file/2/1002/img/108_EED_3_1080530.docx"
258    ["title"]=>
259    string(21) " 教育研究博士班 "
260  }
261  [37]=>
262  array(2) {
263    ["data_link"]=>
264    string(69) "https://aa.nttu.edu.tw/var/file/2/1002/img/1520/108_EED_3_1080530.pdf"
265    ["title"]=>
266    string(0) ""
267  }
268  [38]=>
```

```
269    array(2) {
270      ["data_link"]=>
271      string(68) "http://aa.nttu.edu.tw/var/file/2/1002/img/1520/108_HCL_2_1080530.doc"
272      ["title"]=>
273      string(24) " 華語文學系碩士班 "
274    }
275    [39]=>
276    array(2) {
277      ["data_link"]=>
278      string(69) "https://aa.nttu.edu.tw/var/file/2/1002/img/1520/108_HCL_2_1080530.doc"
279      ["title"]=>
280      string(0) ""
281    }
282    [40]=>
283    array(2) {
284      ["data_link"]=>
285      string(65) "https://aa.nttu.edu.tw/var/file/2/1002/img/108_SLS_1_1080530.docx"
286      ["title"]=>
287      string(15) " 生命科學系 "
288    }
289    [41]=>
290    array(2) {
291      ["data_link"]=>
292      string(69) "https://aa.nttu.edu.tw/var/file/2/1002/img/1520/108_SLS_1_1080530.pdf"
293      ["title"]=>
294      string(0) ""
295    }
296    [42]=>
297    array(2) {
298      ["data_link"]=>
299      string(69) "https://aa.nttu.edu.tw/var/file/2/1002/img/1520/108_EPH_1_1080604.pdf"
300      ["title"]=>
301      string(12) " 體育學系 "
302    }
303    [43]=>
304    array(2) {
305      ["data_link"]=>
306      string(69) "https://aa.nttu.edu.tw/var/file/2/1002/img/1520/108_EPH_1_1080604.pdf"
307      ["title"]=>
308      string(0) ""
309    }
```

```
310    [44]=>
311    array(2) {
312      ["data_link"]=>
313      string(65) "https://aa.nttu.edu.tw/var/file/2/1002/img/108_HAI_1_1080530.docx"
314      ["title"]=>
315      string(18) "美術產業學系"
316    }
317    [45]=>
318    array(2) {
319      ["data_link"]=>
320      string(69) "https://aa.nttu.edu.tw/var/file/2/1002/img/1520/108_HAI_1_1080530.pdf"
321      ["title"]=>
322      string(0) ""
323    }
324    [46]=>
325    array(2) {
326      ["data_link"]=>
327      string(65) "https://aa.nttu.edu.tw/var/file/2/1002/img/108_SLS_2_1080530.docx"
328      ["title"]=>
329      string(24) "生命科學系碩士班"
330    }
331    [47]=>
332    array(2) {
333      ["data_link"]=>
334      string(69) "https://aa.nttu.edu.tw/var/file/2/1002/img/1520/108_SLS_2_1080530.pdf"
335      ["title"]=>
336      string(0) ""
337    }
338    [48]=>
339    array(2) {
340      ["data_link"]=>
341      string(65) "https://aa.nttu.edu.tw/var/file/2/1002/img/108_EPH_2_1071108.docx"
342      ["title"]=>
343      string(21) "體育學系碩士班"
344    }
345    [49]=>
346    array(2) {
347      ["data_link"]=>
348      string(69) "https://aa.nttu.edu.tw/var/file/2/1002/img/1520/108_EPH_2_1071108.pdf"
349      ["title"]=>
350      string(0) ""
```

```
351    }
352    [50]=>
353    array(2) {
354      ["data_link"]=>
355      string(67) "https://aa.nttu.edu.tw/var/file/2/1002/img/1520/108_HDS_1080530.pdf"
356      ["title"]=>
357      string(0) ""
358    }
359    [51]=>
360    array(2) {
361      ["data_link"]=>
362      string(64) "https://aa.nttu.edu.tw/var/file/2/1002/img/108_SAP1_1080530.docx"
363      ["title"]=>
364      string(15) " 應用科學系 "
365    }
366    [52]=>
367    array(2) {
368      ["data_link"]=>
369      string(64) "https://aa.nttu.edu.tw/var/file/2/1002/img/108_SAP1_1080530.docx"
370      ["title"]=>
371      string(24) " 化學及奈米科學組 "
372    }
373    [53]=>
374    array(2) {
375      ["data_link"]=>
376      string(68) "https://aa.nttu.edu.tw/var/file/2/1002/img/1520/108_SAP1_1080530.pdf"
377      ["title"]=>
378      string(0) ""
379    }
380    [54]=>
381    array(2) {
382      ["data_link"]=>
383      string(70) "https://aa.nttu.edu.tw/var/file/2/1002/img/1520/108_EEC_1_1080530.docx"
384      ["title"]=>
385      string(18) " 幼兒教育學系 "
386    }
387    [55]=>
388    array(2) {
389      ["data_link"]=>
390      string(70) "https://aa.nttu.edu.tw/var/file/2/1002/img/1520/108_EEC_1_1080530.docx"
391      ["title"]=>
```

```
392      string(0) ""
393    }
394    [56]=>
395    array(2) {
396      ["data_link"]=>
397      string(63) "https://aa.nttu.edu.tw/var/file/2/1002/img/108_HGC_1080530.docx"
398      ["title"]=>
399      string(21) " 兒童文學研究所 "
400    }
401    [57]=>
402    array(2) {
403      ["data_link"]=>
404      string(63) "https://aa.nttu.edu.tw/var/file/2/1002/img/108_HGC_1080530.docx"
405      ["title"]=>
406      string(21) " (碩、博士班) "
407    }
408    [58]=>
409    array(2) {
410      ["data_link"]=>
411      string(67) "https://aa.nttu.edu.tw/var/file/2/1002/img/1520/108_HGC_1080530.pdf"
412      ["title"]=>
413      string(0) ""
414    }
415    [59]=>
416    array(2) {
417      ["data_link"]=>
418      string(64) "https://aa.nttu.edu.tw/var/file/2/1002/img/108_SAP2_1080530.docx"
419      ["title"]->
420      string(15) " 應用科學系 "
421    }
422    [60]=>
423    array(2) {
424      ["data_link"]=>
425      string(64) "https://aa.nttu.edu.tw/var/file/2/1002/img/108_SAP2_1080530.docx"
426      ["title"]=>
427      string(15) " 應用物理組 "
428    }
429    [61]=>
430    array(2) {
431      ["data_link"]=>
432      string(68) "https://aa.nttu.edu.tw/var/file/2/1002/img/1520/108_SAP2_1080530.pdf"
```

```
433        ["title"]=>
434        string(0) ""
435      }
436      [62]=>
437      array(2) {
438        ["data_link"]=>
439        string(65) "https://aa.nttu.edu.tw/var/file/2/1002/img/108_EEC_2_1080530.docx"
440        ["title"]=>
441        string(27) " 幼兒教育學系碩士班 "
442      }
443      [63]=>
444      array(2) {
445        ["data_link"]=>
446        string(65) "https://aa.nttu.edu.tw/var/file/2/1002/img/108_EEC_2_1080530.docx"
447        ["title"]=>
448        string(0) ""
449      }
450      [64]=>
451      array(2) {
452        ["data_link"]=>
453        string(64) "https://aa.nttu.edu.tw/var/file/2/1002/img/108_HPC_1_1080530.doc"
454        ["title"]=>
455        string(27) " 公共與文化事務學系 "
456      }
457      [65]=>
458      array(2) {
459        ["data_link"]=>
460        string(69) "https://aa.nttu.edu.tw/var/file/2/1002/img/1520/108_HPC_1_1080530.pdf"
461        ["title"]=>
462        string(0) ""
463      }
464      [66]=>
465      array(2) {
466        ["data_link"]=>
467        string(65) "https://aa.nttu.edu.tw/var/file/2/1002/img/108_SAP_2_1080530.docx"
468        ["title"]=>
469        string(24) " 應用科學系碩士班 "
470      }
471      [67]=>
472      array(2) {
473        ["data_link"]=>
```

```
474        string(69) "https://aa.nttu.edu.tw/var/file/2/1002/img/1520/108_SAP_2_1080530.pdf"
475        ["title"]=>
476        string(0) ""
477    }
478    [68]=>
479    array(2) {
480        ["data_link"]=>
481        string(63) "https://aa.nttu.edu.tw/var/file/2/1002/img/108_EEI_1080530.docx"
482        ["title"]=>
483        string(33) "幼兒教育學系原住民專班"
484    }
485    [69]=>
486    array(2) {
487        ["data_link"]=>
488        string(67) "https://aa.nttu.edu.tw/var/file/2/1002/img/1520/108_EEI_1080530.pdf"
489        ["title"]=>
490        string(0) ""
491    }
492    [70]=>
493    array(2) {
494        ["data_link"]=>
495        string(65) "https://aa.nttu.edu.tw/var/file/2/1002/img/108_HPC_2P_1080530.doc"
496        ["title"]=>
497        string(27) "公共與文化事務學系"
498    }
499    [71]=>
500    array(2) {
501        ["data_link"]=>
502        string(65) "https://aa.nttu.edu.tw/var/file/2/1002/img/108_HPC_2P_1080530.doc"
503        ["title"]=>
504        string(27) "公共事務研究碩士班"
505    }
506    [72]=>
507    array(2) {
508        ["data_link"]=>
509        string(70) "https://aa.nttu.edu.tw/var/file/2/1002/img/1520/108_HPC_2P_1080530.pdf"
510        ["title"]=>
511        string(0) ""
512    }
513    [73]=>
514    array(2) {
```

```
515    ["data_link"]=>
516    string(67) "https://aa.nttu.edu.tw/var/file/2/1002/img/1520/108_SGI_1080530.pdf"
517    ["title"]=>
518    string(0) ""
519    }
520    [74]=>
521    array(2) {
522      ["data_link"]=>
523      string(62) "https://aa.nttu.edu.tw/var/file/2/1002/img/108_EEZ1080530.docx"
524      ["title"]=>
525      string(68) " 幼兒教育學系學士後第二專長學位學程教保員專班 "
526    }
527    [75]=>
528    array(2) {
529      ["data_link"]=>
530      string(66) "https://aa.nttu.edu.tw/var/file/2/1002/img/1520/108_EEZ1080530.pdf"
531      ["title"]=>
532      string(0) ""
533    }
534    [76]=>
535    array(2) {
536      ["data_link"]=>
537      string(66) "https://aa.nttu.edu.tw/var/file/2/1002/img/108_HPC_2S_1080530.docx"
538      ["title"]=>
539      string(27) " 公共與文化事務學系 "
540    }
541    [77]=>
542    array(2) {
543      ["data_link"]=>
544      string(66) "https://aa.nttu.edu.tw/var/file/2/1002/img/108_HPC_2S_1080530.docx"
545      ["title"]=>
546      string(27) " 南島文化研究碩士班 "
547    }
548    [78]=>
549    array(2) {
550      ["data_link"]=>
551      string(70) "https://aa.nttu.edu.tw/var/file/2/1002/img/1520/108_HPC_2S_1080530.pdf"
552      ["title"]=>
553      string(0) ""
554    }
555    [79]=>
```

```
556   array(2) {
557     ["data_link"]=>
558     string(46) "/var/file/2/1002/img/1520/108_SHC_1071213.docx"
559     ["title"]=>
560     string(27) " 高齡健康與護理管理 "
561   }
562   [80]=>
563   array(2) {
564     ["data_link"]=>
565     string(46) "/var/file/2/1002/img/1520/108_SHC_1071213.docx"
566     ["title"]=>
567     string(15) " 原住民專班 "
568   }
569   [81]=>
570   array(2) {
571     ["data_link"]=>
572     string(67) "https://aa.nttu.edu.tw/var/file/2/1002/img/1520/108_SHC_1071213.pdf"
573     ["title"]=>
574     string(0) ""
575   }
576   [82]=>
577   array(2) {
578     ["data_link"]=>
579     string(69) "https://aa.nttu.edu.tw/var/file/2/1002/img/1520/108_ESP_1_1080530.pdf"
580     ["title"]=>
581     string(0) ""
582   }
583   [83]=>
584   array(2) {
585     ["data_link"]=>
586     string(65) "https://aa.nttu.edu.tw/var/file/2/1002/img/108_SEC_2_1080530.docx"
587     ["title"]=>
588     string(30) " 生物醫學碩士學位學程 "
589   }
590   [84]=>
591   array(2) {
592     ["data_link"]=>
593     string(69) "https://aa.nttu.edu.tw/var/file/2/1002/img/1520/108_SEC_2_1080530.pdf"
594     ["title"]=>
595     string(0) ""
596   }
```

```
597    [85]=>
598    array(2) {
599      ["data_link"]=>
600      string(69) "https://aa.nttu.edu.tw/var/file/2/1002/img/1520/108_ESP_2_1080530.pdf"
601      ["title"]=>
602      string(0) ""
603    }
604    [86]=>
605    array(2) {
606      ["data_link"]=>
607      string(46) "/var/file/2/1002/img/1520/108_SHC_1071213.docx"
608      ["title"]=>
609      string(0) ""
610    }
611    [87]=>
612    array(2) {
613      ["data_link"]=>
614      string(69) "https://aa.nttu.edu.tw/var/file/2/1002/img/1520/108_EDE_1_1080530.pdf"
615      ["title"]=>
616      string(33) " 數位媒體與文教產業學系 "
617    }
618    [88]=>
619    array(2) {
620      ["data_link"]=>
621      string(69) "https://aa.nttu.edu.tw/var/file/2/1002/img/1520/108_EDE_1_1080530.pdf"
622      ["title"]=>
623      string(0) ""
624    }
625    [89]=>
626    array(2) {
627      ["data_link"]=>
628      string(64) "https://aa.nttu.edu.tw/var/file/2/1002/img/108_ECL_1_1080530.doc"
629      ["title"]=>
630      string(33) " 文化資源與休閒產業學系 "
631    }
632    [90]=>
633    array(2) {
634      ["data_link"]=>
635      string(69) "https://aa.nttu.edu.tw/var/file/2/1002/img/1520/108_ECL_1_1080530.pdf"
636      ["title"]=>
637      string(0) ""
```

```
638      }
639      [91]=>
640      array(2) {
641        ["data_link"]=>
642        string(65) "https://aa.nttu.edu.tw/var/file/2/1002/img/108_ECL_2_1080530.docx"
643        ["title"]=>
644        string(33) " 文化資源與休閒產業學系 "
645      }
646      [92]=>
647      array(2) {
648        ["data_link"]=>
649        string(65) "https://aa.nttu.edu.tw/var/file/2/1002/img/108_ECL_2_1080530.docx"
650        ["title"]=>
651        string(9) " 碩士班 "
652      }
653      [93]=>
654      array(2) {
655        ["data_link"]=>
656        string(69) "https://aa.nttu.edu.tw/var/file/2/1002/img/1520/108_ECL_2_1080530.pdf"
657        ["title"]=>
658        string(0) ""
659      }
660      [94]=>
661      array(2) {
662        ["data_link"]=>
663        string(63) "https://aa.nttu.edu.tw/var/file/2/1002/img/108_EAP_1080530.docx"
664        ["title"]=>
665        string(30) " 運動競技學士學位學程 "
666      }
667      [95]=>
668      array(2) {
669        ["data_link"]=>
670        string(67) "https://aa.nttu.edu.tw/var/file/2/1002/img/1520/108_EAP_1080530.pdf"
671        ["title"]=>
672        string(0) ""
673      }
674      [96]=>
675      array(2) {
676        ["data_link"]=>
677        string(69) "https://aa.nttu.edu.tw/var/file/2/1002/img/1520/108_CTE2_1080416.docx"
678        ["title"]=>
```

```
679      string(12) " 小教學程 "
680    }
681    [97]=>
682    array(2) {
683      ["data_link"]=>
684      string(69) "https://aa.nttu.edu.tw/var/file/2/1002/img/1520/108_CTE2_1080416.docx"
685      ["title"]=>
686      string(0) ""
687    }
688    [98]=>
689    array(2) {
690      ["data_link"]=>
691      string(69) "https://aa.ntuedu.tw/var/file/2/1002/img/1520/108_CTE1_1080416.docx"
692      ["title"]=>
693      string(12) " 特教學程 "
694    }
695    [99]=>
696    array(2) {
697      ["data_lik"]=>
698      string(69) "https://aa.nttu.edu.tw/var/fil/2/1002/img/1520/108_CTE1_1080416.docx"
699      ["title"]=>
700      string(0) ""
701    }
702  }
```

我們可以發現到，有些從網頁內容中解析出來的 title 是空的，原因是因為，所定篩選標籤的方式並沒有篩選出來，因為那些字並不是放在 a 標籤之間的，可能是放在其他的地方，比如說是在 p 標籤中等地方，那可以做的事情就是，可以做一個稍微比對的方式就可以把那些標題補上去，而筆者認為，課綱對於課程內容來説，重要程度上算是還好，且為較不重要的事情。而課綱唯一的重點是，可以了解每一個課程的資訊綱要，而相對比較重要的是每門課的課程內容。從課程綱要擷取爬蟲就告一段落了，其他的年度課程綱要擷取方法其實大同小異，擷取會有一些沒有擷取到，原因是因為每個表格中的標題所使用標籤表示方式不同所導致，所以有時候在輸出的資訊中會有空白的標題產生，那為了要解決這個問題，除了可以自己比對把遺失的標題加上去之外，另外可以再用更進階的方式篩選標籤與裡面的內容。

分析課程查詢網站

如標題，我們在前幾篇章節中，已經完成了課程綱要的網站分析，擷取與實做爬蟲等項目，接下來要到目前整個課程網站中之重頭戲的部份了。課程查詢系統是每所大學之校務系統中最重要的一環，這是可以看的到全校課程的內容與一覽表。接著也可以讓學生以及我們知道，一個大學學校課程開了有多少。

分析網站行為

首先，課程查詢網站的入口的網站為 https://infosys.nttu.edu.tw/n_CourseBase _Select/CourseListPublic.aspx，進去網站之後，會看到下面的截圖：

▲ 圖 15：學校選課系統課程查詢頁面

算是很樸素的畫面，接著我們按下「F12」觀看這個網站內容的元素，如下圖所示：

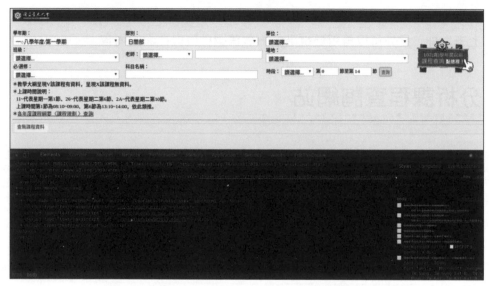

▲ 圖 16：學校選課系統課程查詢頁面上開啟開發者模式

接著，切換到「Network」分項，點擊網頁上的「查詢」，接著就會等大約 5
秒之後，接著就會看到下面的截圖畫面了：

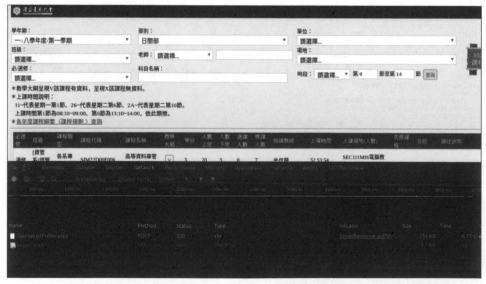

▲ 圖 17：學校選課系統課程查詢頁面上之開發者模式 Network 分頁

接著點取「CourseListPublic.aspx」，我們可以看到下面這一張截圖：

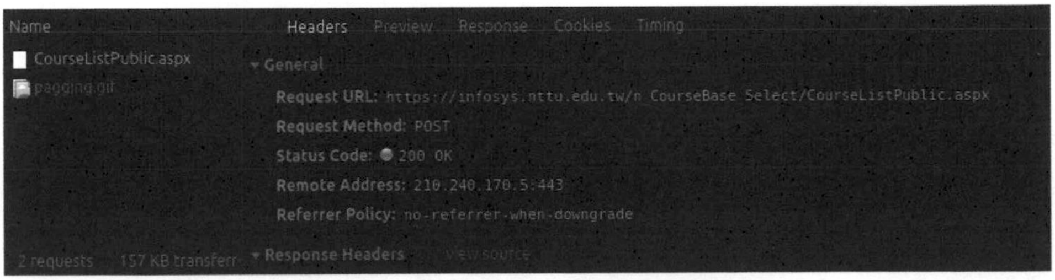

▲ 圖 18：學校選課系統課程查詢頁面開發者模式 Headers 分頁

將上述截圖的頁面往下拉之後會發現，有一長串的「Form Data」，用 POST 方法送到後端資料非常的長，下面是擷取一小部份的截圖：

▲ 圖 19：學校選課系統課程查詢頁面傳送的 Form Data

從上述的網頁行為，筆者在這裡猜測，目前可能的擷取方式如下：

- 要拿到所有表單中的欄位值與名稱。
- 要把表單中，驗證的欄位資料一起送過去。
- 基本上有兩次 HTTP 請求發送。

在本篇章節中，就算是一個初步的課程查詢網站分析了，下一章節就要將本章節所分析方法用來實做課程查詢爬蟲了。

實做課程查詢網站爬蟲 -part1

從上一章節我們可以知道，課程查詢網站分析，接著今日的章節則是要將昨天的分析拿來實做成今日的爬蟲。

爬蟲實做步驟

在實做爬蟲前，跟前幾次章節的做法一樣，執行下列的指令，先停止與刪除名為 php_crawler 的啟動先前建置好的 Docker container 爬蟲開發環境：

```
01  docker stop php_crawler; docker rm php_crawler
02  docker run --name=php_crawler -d -it php_crawler bash
```

接著，打開偏好得程式編輯器並新增一個檔案叫做 lab2-1.php，加入下面的程式碼：

```
01  <?php
02
03  require_once __DIR__ . '/vendor/autoload.php';
04
05  use GuzzleHttp\Client;
06  use Symfony\Component\DomCrawler\Crawler;
07
08  $publicCourses = 'https://infosys.nttu.edu.tw/n_CourseBase_Select/
    CourseListPublic.aspx';
09
10  $headers = [
11      'Host' => 'infosys.nttu.edu.tw',
12      'Connection' => 'keep-alive',
13      'Cache-Control' => 'max-age=0',
14      'Upgrade-Insecure-Requests' => '1',
15      'Sec-Fetch-Mode' => 'navigate',
16      'Sec-Fetch-User' => '?1',
17      'Accept' => 'text/html,application/xhtml+xml,application/xml;q=0.9,image/
    webp,image/apng,*/*;q=0.8 application/signed-exchange;v=b3',
18      'Sec-Fetch-Site' => 'none',
```

```
19      'Referer' => 'https://infosys.nttu.edu.tw/',
20      'Accept-Encoding' => 'gzip, deflate, br',
21      'Accept-Language' => 'zh-TW,zh;q=0.9,en-US;q=0.8,en;q=0.7',
22      'User-Agent' => 'Mozilla/5.0 (Windows; U; Windows NT 5.1; en-US;
    rv:1.8.1.13) Gecko/20080311 Firefox/2.0.0.13',
23      ];
24
25      $client = new Client(['cookies' => true]);
26      $response = $client->request('GET', $publicCourses, [
27          'debug' => true,
28          'headers' => $headers,
29      ]);
30
31      $publicCourseString = (string)$response->getBody();
32      $viewState = '__VIEWSTATE';
33      $eventValidation = '__EVENTVALIDATION';
34      $viewStateGenerator = '5D156DDA';
35
36      $crawler = new Crawler($publicCourseString);
37
38      $crawler
39          ->filter('input[type="hidden"]')
40          ->reduce(function (Crawler $node, $i) {
41              global $viewState;
42              global $eventValidation;
43              if ($node->attr('name') === $viewState) {
44                  $viewState = $node->attr('value');
45              }
46              if ($node->attr('name') === $eventValidation) {
47                  $eventValidation = $node->attr('value');
48              }
49          });
```

上述程式碼說明：

- 首先，要先使用 HTTP 之 GET 方法請求課程查詢的網址，接著再拿到回應的內容，那因為後續還會有一個 POST 方法去拿到第一頁的課程清單，因此需先將 new Client(['cookie' = > true])。

- 上述的片段程式碼指的是說，將 HTTP client 的 cookie 設定成 true，意思是每次的請求時後，cookie 是可以共用，並幫我們在之後的請求發送時後一併把 cookie 傳送出去。

- 拿到回應的內容之後，接著要解析裡面的內容了，那些內容在後續的 HTTP 之 POST 方法請求課程列表會使用到。

- 重要的欄位分別是：__VIEWSTATE 與 __EVENTVALIDATION。這兩個隱藏的欄位值最主要是用來驗證發出去的表單與接收的人是同一個。類似像是 CSRF-Token 的概念，而上述的這些欄位則是 ASP.NET 在實做表單的時候會使用到的做法。

- 把上述這兩個欄位擷取出來之後，接著就可以存到相對應的變數了。那本章節的實做也就完成了。

本篇章節一開始的課程查詢網站爬蟲最主要是將第一步，進入課程查詢網站的頁面中需要利用 HTTP 之 POST 方法做課程查詢用到的欄位做紀錄，以便在日後可以擷取到正確的課程查詢列表清單。

在下一篇章節中，就會接續本章節的爬蟲實做利用 HTTP 之 POST 方法將拿到的欄位一併送到後端並拿到課程查詢結果清單的爬蟲實做。

以及一些遇到的問題以及解決的方法，敬請期待！

參考資料

- ASP.NET
  - https://dotnet.microsoft.com/apps/aspnet
  - https://www.tutorialspoint.com/asp.net/asp.net_introduction.htm
  - https://www.c-sharpcorner.com/UploadFile/225740/what-is-view-state-and-how-it-works-in-Asp-Net53

實做課程查詢網站爬蟲 -part2

從上一篇章節我們可以知道，第一階段之實做課程查詢爬蟲 -part1 是取得需要做 HTTP 之 POST 方法請求所需要的 __VIEWSTATE 與 __EVENTVALIDATION 等相關表單參數。

接著在本篇章節的實做課程查詢網站爬蟲第二階段中，要延續將前一章節中利用 HTTP 之 GET 方法請求所拿到的上述這些的值當做本篇章節中相關發送 HTTP 請求用之參數，並利用 HTTP 之 POST 方法並得到課程查詢結果列表清單。

實做步驟

首先，先執行下列的指令先停止與刪除名為 php_crawler 之容器，並將運行爬蟲之 Docker 容器環境給跑起來：

```
01    docker stop php_crawler; docker rm php_crawler
02    docker run --name=php_crawler -d -it php_crawler bash
```

將爬蟲開發環境跑起來之後，使用偏好的程式編輯器打開上一篇章節所提到的 lab2-1.php 並填上有關 HTTP 之 POST 方法發送請求的部份，相關程式碼如下：

```
01    <?php
02
03    require_once __DIR__ . '/vendor/autoload.php';
04
05    use GuzzleHttp\Client;
06    use Symfony\Component\DomCrawler\Crawler;
07
08    $publicCourses = 'https://infosys.nttu.edu.tw/n_CourseBase_Select/
      CourseListPublic.aspx';
09
```

```php
10    $headers = [
11        'Host' => 'infosys.nttu.edu.tw',
12        'Connection' => 'keep-alive',
13        'Cache-Control' => 'max-age=0',
14        'Upgrade-Insecure-Requests' => '1',
15        'Sec-Fetch-Mode' => 'navigate',
16        'Sec-Fetch-User' => '?1',
17        'Accept' => 'text/html,application/xhtml+xml,application/xml;q=0.9,image/
      webp,image/apng,*/*;q=0.8 application/signed-exchange;v=b3',
18        'Sec-Fetch-Site' => 'none',
19        'Referer' => 'https://infosys.nttu.edu.tw/',
20        'Accept-Encoding' => 'gzip, deflate, br',
21        'Accept-Language' => 'zh-TW,zh;q=0.9,en-US;q=0.8,en;q=0.7',
22        'User-Agent' => 'Mozilla/5.0 (Windows; U; Windows NT 5.1; en-US;
      rv:1.8.1.13) Gecko/20080311 Firefox/2.0.0.13',
23    ];
24
25    $client = new Client(['cookies' => true]);
26    $response = $client->request('GET', $publicCourses, [
27        'debug' => true,
28        'headers' => $headers,
29    ]);
30
31    $publicCourseString = (string)$response->getBody();
32    $viewState = '__VIEWSTATE';
33    $eventValidation = '__EVENTVALIDATION';
34    $viewStateGenerator = '5D156DDA';
35
36    $crawler = new Crawler($publicCourseString);
37
38    $crawler
39      ->filter('input[type="hidden"]')
40      ->reduce(function (Crawler $node, $i) {
41          global $viewState;
42          global $eventValidation;
43          if ($node->attr('name') === $viewState) {
44              $viewState = $node->attr('value');
45          }
46          if ($node->attr('name') === $eventValidation) {
47              $eventValidation = $node->attr('value');
48          }
```

```
49      });
50
51      $formParams = [
52          'form_params' => [
53              'ToolkitScriptManager1' => 'UpdatePanel1|Button3',
54              'ToolkitScriptManager1_HiddenField' => '',
55              '__EVENTTARGET' => '',
56              '__EVENTARGUMENT' => '',
57              '__LASTFOCUS' => '',
58              '__VIEWSTATE' => $viewState,
59              '__VIEWSTATEGENERATOR' => $viewStateGenerator,
60              '__SCROLLPOSITIONX' => '0',
61              '__SCROLLPOSITIONY' => '0',
62              '__VIEWSTATEENCRYPTED' => '',
63              '__EVENTVALIDATION' => $eventValidation,
64              'DropDownList1' => '1071',
65              'DropDownList6' => '1',
66              'DropDownList2' => '%',
67              'DropDownList3' => '%',
68              'DropDownList4' => '%',
69              'TextBox9' => '',
70              'DropDownList5' => '%',
71              'DropDownList7' => '%',
72              'TextBox1' => '',
73              'DropDownList8' => '%',
74              'TextBox6' => '0',
75              'TextBox7' => '14',
76              '__ASYNCPOST' => 'true',
77              'Button3' => '查詢',
78          ],
79          'headers' => [
80              'Sec-Fetch-Mode: cors',
81              'Origin: https://infosys.nttu.edu.tw',
82              'Accept-Encoding: gzip, deflate, br',
83              'Accept-Language: zh-TW,zh;q=0.9,en-US;q=0.8,en;q=0.7',
84              'X-Requested-With: XMLHttpRequest',
85              'Connection: keep-alive',
86              'X-MicrosoftAjax: Delta=true',
87              'Accept: */*',
88              'Cache-Control: no-cache',
89              'Referer: https://infosys.nttu.edu.tw/n_CourseBase_Select/
        CourseListPublic.aspx',
```

```
90          'Sec-Fetch-Site: same-origin',
91          'User-Agent' => 'Mozilla/5.0 (X11; Linux x86_64) AppleWebKit/537.36
    (KHTML, like Gecko) Chrome/77.0.3865.90 Safari/537.36',
92      ],
93  ];
94
95  $response = $client->request('POST', $publicCourses, $formParams);
96
97  $coursesString = (string)$response->getBody();
98
99  var_dump($coursesString);
```

上述程式碼包含了昨天的 HTTP 之 GET 方法之外，另外還多了 HTTP 之 POST 方法請求，上述程式碼做法說明如下：

- 先利用 HTTP 之 GET 方法拿到所謂的 __VIEWSTATE 與 __EVENTVALIDATION 隱藏值。
- 拿到上述這些值之後，再使用 HTTP 之 POST 方法發送請求並將上述的隱藏值當作請求參數一部分與其他的表單值一併送出。
- 利用 POST 方法送完之後，得到的回應內容印出。

那這樣就會得到第一頁的課程清單了，接著使用下列指令將此 PHP 檔案複製進運行的爬蟲容器：

```
01  docker cp lab2-1.php php_crawler:/root/
02  docker exec php_crawler php lab2-1.php
```

執行此程式之後，可以得到回應結果，像類似下面這樣的內容：

```
01  .......
02  </tr><tr class="NTTU_GridView_Row">
03  <td style="width:60px;"> 選修 </td><td style="width:100px;">[ 資管系 ] 資管三
    </td><td style="width:100px;"> 專業模組二 </td><td style="width:100px;">
    SIM12E40C002</td><td style="width:200px;"> 消費者行為 </td><td style="width:60px;">
04  <a onclick="window.open('CourseInfo1.aspx?id=25200&yrsem=1071','_blank',
    'toolbar=no, scrollbars=yes, resizable=no, top=0, left=0, width=600,
```

```
    height=450');" id="GridView1_ctl11_LinkButton3" class="button" href=
    "javascript:__doPostBack('GridView1$ctl11$LinkButton3',")">V</a>
05  </td><td style="width:60px;">3</td><td style="width:60px;">45</td>
    <td style="width:60px;">10</td><td style="width:60px;">0</td><td style=
    "width:60px;">45</td><td style="width:200px;"> 林育珊 </td><td style=
    "width:100px;">27,28,29</td><td style="width:200px;">SEC103 教室 103(50)
    </td><td style="width:100px;"> </td><td style="width:100px;"> </td>
    <td style="width:300px;"> </td><td style="width:200px;"> 無 </td><td style=
    "width:100px;"></td>
06  </tr><tr class="NTTU_GridView_Pager">
07  <td colspan="19"><table border="0">
08  <tr>
09  .......
```

如果回應內容中有出現像上述類似的行為，那就代表爬蟲實做上成功了。

實做上注意地方

在 POST 方法中，有幾個重點需要去注意：

- 表單傳送欄位的值都一定要傳送，尤其 __VIEWSTATE 與 __EVENTVALIDATION。
- 請求標頭 (header) 需要送 User-Agent 的請求標頭過去。
- 表單欄位值中可將 __ASYNCPOST 欄位送過去或不送，預設是 false，而值送 true 與 false 是有差別的。

上述這三點是筆者認為實做對 ASPX，C# 為後端的爬蟲遇到的問題。原因就是出在於 __VIEWSTATE 與 __EVENTVALIDATION。

因為這兩個值會去驗證送過來的表單內容與來源是否為同一個，若不是同一個的話，原則上系統會出現 HTTP 狀態碼為 500 之內部伺服器的錯誤。

例如，假設表單與標頭要的順序應該為下列這樣：

```
01  $formParams = [
02     'form_params' => [
03        'ToolkitScriptManager1_HiddenField' => '',
```

```
04          'ToolkitScriptManager1' => 'UpdatePanel1|Button3',
05          '__EVENTTARGET' => '',
06          '__EVENTARGUMENT' => '',
07          '__LASTFOCUS' => '',
08          '__VIEWSTATE' => $viewState,
09          '__VIEWSTATEGENERATOR' => $viewStateGenerator,
10          '__SCROLLPOSITIONX' => '0',
11          '__SCROLLPOSITIONY' => '0',
12          '__VIEWSTATEENCRYPTED' => '',
13          '__EVENTVALIDATION' => $eventValidation,
14          'DropDownList1' => '1071',
15          'DropDownList6' => '1',
16          'DropDownList2' => '%',
17          'DropDownList3' => '%',
18          'DropDownList4' => '%',
19          'TextBox9' => '',
20          'DropDownList5' => '%',
21          'DropDownList7' => '%',
22          'TextBox1' => '',
23          'DropDownList8' => '%',
24          'TextBox6' => '0',
25          'TextBox7' => '14',
26          '__ASYNCPOST' => 'true',
27          'Button3' => '查詢',
28      ],
29      'headers' => [
30          'Sec-Fetch-Mode: cors',
31          'Origin: https://infosys.nttu.edu.tw',
32          'Accept-Encoding: gzip, deflate, br',
33          'Accept-Language: zh-TW,zh;q=0.9,en-US;q=0.8,en;q=0.7',
34          'X-Requested-With: XMLHttpRequest',
35          'Connection: keep-alive',
36          'X-MicrosoftAjax: Delta=true',
37          'Accept: */*',
38          'Cache-Control: no-cache',
39          'Referer: https://infosys.nttu.edu.tw/n_CourseBase_Select/
    CourseListPublic.aspx',
40          'Sec-Fetch-Site: same-origin',
41          'User-Agent' => 'Mozilla/5.0 (X11; Linux x86_64) AppleWebKit/537.36
    (KHTML, like Gecko) Chrome/77.0.3865.90 Safari/537.36',
42      ],
43  ];
```

這時候我們把表單中的 __VEIEWSTATE 拿掉，得到下面這樣：

```
01   $formParams = [
02       'form_params' => [
03           'ToolkitScriptManager1_HiddenField' => '',
04           'ToolkitScriptManager1' => 'UpdatePanel1|Button3',
05           '__EVENTTARGET' => '',
06           '__EVENTARGUMENT' => '',
07           '__LASTFOCUS' => '',
08           '__VIEWSTATEGENERATOR' => $viewStateGenerator,
09           '__SCROLLPOSITIONX' => '0',
10           '__SCROLLPOSITIONY' => '0',
11           '__VIEWSTATEENCRYPTED' => '',
12           '__EVENTVALIDATION' => $eventValidation,
13           'DropDownList1' -> '1071',
14           'DropDownList6' => '1',
15           'DropDownList2' => '%',
16           'DropDownList3' => '%',
17           'DropDownList4' => '%',
18           'TextBox9' => '',
19           'DropDownList5' => '%',
20           'DropDownList7' => '%',
21           'TextBox1' => '',
22           'DropDownList8' => '%',
23           'TextBox6' => '0',
24           'TextBox7' => '14',
25           '__ASYNCPOST' => 'true',
26           'Button3' => '查詢',
27       ],
28       'headers' => [
29           'Sec-Fetch-Mode: cors',
30           'Origin: https://infosys.nttu.edu.tw',
31           'Accept-Encoding: gzip, deflate, br',
32           'Accept-Language: zh-TW,zh;q=0.9,en-US;q=0.8,en;q=0.7',
33           'X-Requested-With: XMLHttpRequest',
34           'Connection: keep-alive',
35           'X-MicrosoftAjax: Delta=true',
36           'Accept: */*',
37           'Cache-Control: no-cache',
38           'Referer: https://infosys.nttu.edu.tw/n_CourseBase_Select/
     CourseListPublic.aspx',
```

```
39          'Sec-Fetch-Site: same-origin',
40          'User-Agent' => 'Mozilla/5.0 (X11; Linux x86_64) AppleWebKit/537.36
    (KHTML, like Gecko) Chrome/77.0.3865.90 Safari/537.36',
41      ],
42  ];
```

這時候送出這個順序有錯誤的表單資料，就會得到下面的節錄的回應內容：

```
01  ue="/wEdAAbxmE99JhLisIrrBlSpleKvA3sa9CLAiY0NRgwF9EJQGh6kvJC1EopKW4ZDfj9Gj
    7oGHrYxvYrs5XDlrjyz+wVULvWz/wJ+1kADwg6S0w9SXo/Fg06KOWoBIRHuyh28DoVPLgf8rKy
    i7Ffc8EgW/ntaNx+wYA==" />
02  </div>
03      <div>
04          <span id="lblMsg">The error message:</span><br />
05          <textarea name="txtMsg" rows="2" cols="20" id="txtMsg" class="input">
06  無效的 Viewstate。
07      Client IP: 61.230.251.119
08      Port: 38320
09      Referer:
10      Path: /n_CourseBase_Select/CourseListPublic.aspx
11      User-Agent: Mozilla/5.0 (X11; Linux x86_64) AppleWebKit/537.36
    (KHTML, like Gecko) Chrome/77.0.3865.90 Safari/537.36
```

這代表 __VIEWSTATE 是需要的，抑或是將 __EVENTVALIDATION 拿掉，也會得到下列錯誤的節錄內容：

```
01      <input type="hidden" name="__VIEWSTATEGENERATOR" id="__VIEWSTATEGENERATOR"
    value="AB827D4F" />
02      <input type="hidden" name="__EVENTVALIDATION" id="__EVENTVALIDATION"
    value="/wEdAAbxmE99JhLisIrrBlSpleKvA3sa9CLAiY0NRgwF9EJQGh6kvJC1EopKW4ZDfj9
    Gj7oGHrYxvYrs5XDlrjyz+wVULvWz/wJ+1kADwg6S0w9SXo/Fg06KOWoBIRHuyh28DoVPLgf8r
    Kyi7Ffc8EgW/ntaNx+wYA==" />
03  </div>
04      <div>
05          <span id="lblMsg">The error message:</span><br />
06          <textarea name="txtMsg" rows="2" cols="20" id="txtMsg" class="input">
07  無效的回傳或回呼引數。已在組態中使用 <pages enableEventValidation="true"/> 或在
    網頁中使用 <%@ Page EnableEventValidation="true" %> 啟用事件驗證。基於安全性理
```

由，這項功能驗證回傳或回呼引數是來自原本呈現它們的伺服器控制項。如果資料為有效並且是必須的，請使用 `ClientScriptManager.RegisterForEventValidation` 方法註冊回傳或回呼資料，以進行驗證。

上述這意思是說，驗證到 `__EVENTVALIDATION` 中，來源跟傳送似乎不是同一個。所以就跳出這樣錯誤了。

如果不送合法的 User-Agent 的請求標頭過去會怎樣呢？假設我們送下列這個標頭過去：

```
01  .......
02      'headers' => [
03          'Sec-Fetch-Mode: cors',
04          'Origin: https://infosys.nttu.edu.tw',
05          'Accept-Encoding: gzip, deflate, br',
06          'Accept-Language: zh-TW,zh;q=0.9,en-US;q=0.8,en;q=0.7',
07          'X-Requested-With: XMLHttpRequest',
08          'Connection: keep-alive',
09          'X-MicrosoftAjax: Delta=true',
10          'Accept: */*',
11          'Cache-Control: no-cache',
12          'Referer: https://infosys.nttu.edu.tw/n_CourseBase_Select/
    CourseListPublic.aspx',
13          'ec-Fetch-Site: same-origin',
14          'User-Agent' => 'Guzzle client',
15      ],
16  .......
```

接著，送出去之後，會得到下列節錄的回應內容：

```
01  <div>
02      <span id="lblMsg">The error message:</span><br />
03      <textarea name="txtMsg" rows="2" cols="20" id="txtMsg" class="input">
04  正在執行非同步回傳，但 ScriptManager.SupportsPartialRendering 屬性卻是設定為
    false。請於非同步回傳時將此屬性設定為 true。
```

這個時候就是要改成真正瀏覽器會送的 User-Agent 字串了。

如果要知道網頁瀏覽器會送什麼樣的 User-Agent 過去，以 Google Chrome 網頁瀏覽器作為例子，可以打開一個分頁並輸入 chrome://version/，則會得到下面的截圖：

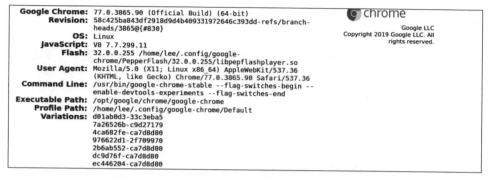

▲ 圖 20：Google Chrome 瀏覽器之 User Agent 字串

這時候把上述 User Agent 所對應的字串放到 User-Agent 請求標頭裡面，即可以讓 HTTP 之 POST 方法來發送請求課程列表的動作成功了。那如果是表單中的 __ASYNCPOST 值改成 true 或 false 時候呢？得到的回應內容其實是大同小異的。唯一有差別是當用 true 傳過去之後，回應內容會多下面這一段，其中節錄如下：

```
01  ......
02  |0|hiddenField|__EVENTTARGET||0|hiddenField|__EVENTARGUMENT|
    |0|hiddenField|__LASTFOCUS||50504|hiddenField|__VIEWSTATE|C024QlaQNOQW19C0Y+
    RsBL8UOe2DK2739QqJKZlkVjjukJg6tZTefHqOCYK6+TgwOOzn8q2tAdWQ42ycPY1H4/
03  ......
```

就是會多一段用 POST 傳過去的參數，並利用「|」隔開。所以筆者在這裡的建議是，可以將 __ASYNCPOST 設定值為 false 就好，或是不要在表單中，送這個欄位到 C# 後端。

從本篇章節的實做爬蟲案例中，可以學習到如何拿到課程查詢清單，與發送請求過程中之故障排除。在接下來章節中，將會實做拿到下一個分頁的清單的爬蟲實做部份了。

參考資料

- https://stackoverflow.com/questions/11030460/eventvalidation-error-while-scraping-asp-net-page
- https://stackoverflow.com/questions/14746750/post-request-using-python-to-asp-net-page

實做課程查詢網站爬蟲 -part3

從前一篇章節我們可以知道，該如何實做課程查詢爬蟲，並成功傳回第一頁課程清單，那接下來，如果是分頁的課程查詢結果清單呢？

在此篇文章中，筆者會教該如何實做分頁課程查詢文章的爬蟲。

實做步驟

首先，如同之前的章節，先將名為 php_crawler 之容器給停止與刪除後，再將此運行爬蟲之容器環境跑起來：

```
01  docker stop php_crawler; docker rm php_crawler
02  docker run --name=php_crawler -d -it php_crawler bash
```

將上述跑起來之後，用自己偏好的程式編輯器打開名字叫做「lab2-1-pagination.php」之 PHP 檔案，並輸入下面的程式碼：

```
01  <?php
02
03  require_once __DIR__ . '/vendor/autoload.php';
04
05  use GuzzleHttp\Client;
06  use Symfony\Component\DomCrawler\Crawler;
07
08  $publicCourses = 'https://infosys.nttu.edu.tw/n_CourseBase_Select/
    CourseListPublic.aspx';
09
10  $headers = [
11      'Host' => 'infosys.nttu.edu.tw',
12      'Connection' => 'keep-alive',
13      'Cache-Control' => 'max-age=0',
14      'Upgrade-Insecure-Requests' => '1',
15      'Sec-Fetch-Mode' => 'navigate',
16      'Sec-Fetch-User' => '?1',
17      'Accept' => 'text/html,application/xhtml+xml,application/xml;q=0.9,
    image/webp,image/apng,*/*;q=0.8 application/signed-exchange;v=b3',
```

```
18      'Sec-Fetch-Site' => 'none',
19      'Referer' => 'https://infosys.nttu.edu.tw/',
20      'Accept-Encoding' => 'gzip, deflate, br',
21      'Accept-Language' => 'zh-TW,zh;q=0.9,en-US;q=0.8,en;q=0.7',
22      'User-Agent' => 'Mozilla/5.0 (Windows; U; Windows NT 5.1; en-US; rv:
    1.8.1.13) Gecko/20080311 Firefox/2.0.0.13',
23  ];
24
25  $client = new Client(['cookies' => true]);
26  $response = $client->request('GET', $publicCourses, [
27      'headers' => $headers,
28  ]);
29
30  $publicCourseString = (string)$response->getBody();
31  $viewState = '__VIEWSTATE';
32  $eventValidation = '__EVENTVALIDATION';
33  $viewStateGenerator = '5D156DDA';
34
35  $crawler = new Crawler($publicCourseString);
36
37  $crawler
38      ->filter('input[type="hidden"]')
39      ->reduce(function (Crawler $node, $i) {
40          global $viewState;
41          global $eventValidation;
42          if ($node->attr('name') === $viewState) {
43              $viewState = $node->attr('value');
44          }
45          if ($node->attr('name') === $eventValidation) {
46              $eventValidation = $node->attr('value');
47          }
48      });
49
50  $formParams = [
51      'form_params' => [
52          'ToolkitScriptManager1' => 'UpdatePanel1|Button3',
53          'ToolkitScriptManager1_HiddenField' => '',
54          'DropDownList1' => '1081',
55          'DropDownList6' => '1',
56          'DropDownList2' => '%',
57          'DropDownList3' => '%',
```

```
58              'DropDownList4' => '%',
59              'TextBox9' => '',
60              'DropDownList5' => '%',
61              'DropDownList7' => '%',
62              'TextBox1' => '',
63              'DropDownList8' => '%',
64              'TextBox6' => '0',
65              'TextBox7' => '14',
66              '__EVENTTARGET' => '',
67              '__EVENTARGUMENT' => '',
68              '__LASTFOCUS' => '',
69              '__VIEWSTATE' => $viewState,
70              '__VIEWSTATEGENERATOR' => $viewStateGenerator,
71              '__SCROLLPOSITIONX' => '0',
72              '__SCROLLPOSITIONY' => '0',
73              '__EVENTVALIDATION' => $eventValidation,
74              '__VIEWSTATEENCRYPTED' => '',
75              '__ASYNCPOST' => 'false',
76              'Button3' => '查詢',
77          ],
78          'headers' => [
79              'Sec-Fetch-Mode: cors',
80              'Origin: https://infosys.nttu.edu.tw',
81              'Accept-Encoding: gzip, deflate, br',
82              'Accept-Language: zh-TW,zh;q=0.9,en-US;q=0.8,en;q=0.7',
83              'X-Requested-With: XMLHttpRequest',
84              'Connection: keep-alive',
85              'X-MicrosoftAjax: Delta=true',
86              'Accept: */*',
87              'Cache-Control: no-cache',
88              'Referer: https://infosys.nttu.edu.tw/n_CourseBase_Select/
    CourseListPublic.aspx',
89              'Sec-Fetch-Site: same-origin',
90              'User-Agent' => 'Mozilla/5.0 (X11; Linux x86_64) AppleWebKit/537.36
    (KHTML, like Gecko) Chrome/77.0.3865.90 Safari/537.36',
91          ],
92      ];
93
94      $response = $client->request('POST', $publicCourses, $formParams);
95
96      $coursesString = (string)$response->getBody();
```

```
97
98  $viewState = '__VIEWSTATE';
99  $eventValidation = '__EVENTVALIDATION';
100
101 $crawler = new Crawler($coursesString);
102
103 $crawler
104    ->filter('input[type="hidden"]')
105    ->reduce(function (Crawler $node, $i) {
106        global $viewState;
107        global $eventValidation;
108        if ($node->attr('name') === $viewState) {
109            $viewState = $node->attr('value');
110        }
111        if ($node->attr('name') === $eventValidation) {
112            $eventValidation = $node->attr('value');
113        }
114    });
115
116 $formParams['form_params']['ToolkitScriptManager1'] = 'UpdatePanel2|GridView1';
117 $formParams['form_params']['__EVENTTARGET'] = 'GridView1';
118 $formParams['form_params']['__EVENTARGUMENT'] = 'Page$5';
119 $formParams['form_params']['__VIEWSTATE'] = $viewState;
120 $formParams['form_params']['__EVENTVALIDATION'] = $eventValidation;
121 unset($formParams['form_params']['Button3']);
122
123 $response = $client->request('POST', $publicCourses, $formParams);
124
125 $coursesString = (string)$response->getBody();
126
127
128 $viewState = '__VIEWSTATE';
129 $eventValidation = '__EVENTVALIDATION';
130
131 $crawler = new Crawler($coursesString);
132
133 $crawler
134    ->filter('input[type="hidden"]')
135    ->reduce(function (Crawler $node, $i) {
136        global $viewState;
137        global $eventValidation;
```

```
138        if ($node->attr('name') === $viewState) {
139            $viewState = $node->attr('value');
140        }
141        if ($node->attr('name') === $eventValidation) {
142            $eventValidation = $node->attr('value');
143        }
144    });
145
146 $formParams['form_params']['__EVENTARGUMENT'] = 'Page$12';
147 $formParams['form_params']['__VIEWSTATE'] = $viewState;
148 $formParams['form_params']['__EVENTVALIDATION'] = $eventValidation;
149
150 $response = $client->request('POST', $publicCourses, $formParams);
151
152 $coursesString = (string)$response->getBody();
153
154 var_dump($coursesString);
```

上述程式碼表示下列動作：

- 首先，先利用 HTTP 之 GET 方法取得課程查詢頁面。
- 接著取得相關表單中隱藏的驗證欄位等值。
- 利用 HTTP 之 POST 方法並指定學年度與上述相關驗證欄位值一起送出得到第 1 頁的課程查詢列表結果。
- 接下來，利用上述第 1 頁頁中的相關隱藏驗證值取得分頁第 5 頁的課程查詢結果。
- 利用第 5 頁得到頁面中的隱藏欄值再去取得第 12 頁中的課程查詢結果。

利用下面指令將此 PHP 檔案複製到 Dockr container 環境：

```
01   docker cp lab2-1-pagination.php      php_crawler:/root/
```

接著用下面方式執行此指令：

```
01   docker exec -it php_crawlerphp lab2-1-pagination.php
```

將此程式碼執行之後，會得到下面節錄的錯誤：

```
01  .......
02  <div>
03
04      <input type="hidden" name="__VIEWSTATEGENERATOR" id="__VIEWSTATEGENERATOR"
    value="AB827D4F" />
05      <input type="hidden" name="__EVENTVALIDATION" id="__EVENTVALIDATION"
    value="/wEdAAbxmE99JhLisIrrBlSpleKvA3sa9CLAiY0NRgwF9EJQGh6kvJC1EopKW4ZDfj9
    Gj7oGHrYxvYrs5XDlrjyz+wVULvWz/wJ+1kADwg6S0w9SXo/Fg06KOWoBIRHuyh28DoVPLgf8r
    Kyi7Ffc8EgW/ntaNx+wYA==" />
06  </div>
07      <div>
08          <span id="lblMsg">The error message:</span><br />
09          <textarea name="txtMsg" rows="2" cols="20" id="txtMsg" class="input">
10  無效的回傳或回呼引數。已在組態中使用 <pages enableEventValidation="true"/> 或在
    網頁中使用 <%@ Page EnableEventValidation="true" %> 啟用事件驗證。基於安全性理
    由，這項功能驗證回傳或回呼引數是來自原本呈現它們的伺服器控制項。如果資料為有效並且是必
    須的，請使用 ClientScriptManager.RegisterForEventValidation 方法註冊回傳或回呼
    資料，以進行驗證。
```

上述錯誤會相關狀態驗證有錯誤，那為什麼這樣的錯誤會發生？原因出在於課程查詢頁面與分頁的取得先後的問題，我們從課程查詢網站角度出發，接著我們在 Google Chrome 瀏覽器瀏覽這個頁面，截取圖如下：

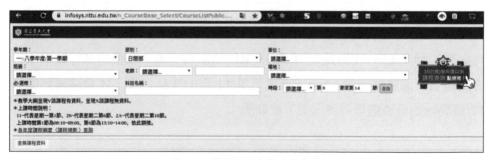

▲ 圖 21：選課系統查詢課程頁面

接著，按下「查詢」按鈕，會得到下面的截取圖結果：

▲ 圖 22：選課系統課程查詢結果表格

可以注意到上圖頁面最下面有一行的分頁：

▲ 圖 23：選課系統查詢課程頁面之分頁 -1

頁面有 1 到 11(第 11 頁是 ... 按鈕)，所以注意到了嘛？在使用者行為中，不會從這個頁面跳轉到第 12 頁，要按下第 11 頁的連結之後，才會跳轉到從第 12 頁開始的分頁選項列表，如下截取圖：

▲ 圖 24：選課系統查詢課程頁面之分頁 -2

所以要到第 12 頁的課程查詢列表怎辦？照著使用者行為就是了，也就是說，先去請求第 11 頁的課程列表清單，接著拿到第 11 頁的相關隱藏驗證欄位值，再去請求第 12 頁的課程查詢結果，所以把上述給 'Pge$5' 改成 'Page$11' 即可，接著再執行一遍程式，就會拿到下面分頁第 12 頁的結果了。

```
01    ......
02                    <td style="width:60px;">必修 </td><td style="width:100px;">
      [ 通識行政事務組 ] 通識一 </td><td style="width:100px;"> 英文 </td><td style="wid
      th:100px;">UGE11B1AA004</td><td style="width:200px;"> 大一英文 ( 一 )：基礎級
      </td><td style="width:60px;">
03                    <a onclick="window.open('CourseInfo1.aspx?id=29279&
      yrsem=1081','_blank','toolbar=no, scrollbars=yes, resizable=no, top=0,
      left=0, width=600, height=450');" id="GridView1_ctl11_LinkButton3" class=
      "button" href="javascript:__doPostBack('GridView1$ctl11$LinkButton3',")">V</a>
04                    </td><td style="width:60px;">2</td><td style="width:
      60px;">40</td><td style="width:60px;">10</td><td style="width:60px;">0</td>
      <td style="width:60px;">32</td><td style="width:200px;"> 許孝芳 </td><td style
      ="width:100px;">11,12</td><td style="width:200px;">A101 教室 (62)</td>
      <td style="width:100px;"> </td><td style="width:100px;"> </td><td style=
      "width:300px;"> 一、初選階段限大一，師範學院；基礎級 1，由通識中心分級匯入選課名單。
      二、加退選階段，開放大二、三、四學生下修；大一仍限師範學院。</td><td style="width:
      200px;"> 開放一、二、三、四年級選修，但大一部分，限師範學院學生選修。</td><td style=
      "width:100px;"> 特殊課程 </td>
05    ......
```

對一下實際頁面第 12 頁最後一個課程名稱之截取圖：

▲ 圖 25：選課系統課程查詢結果中之某個課程資訊

這樣就代表成功了。從本篇章節的分頁課程查詢爬蟲實做來看，可以得到幾個重點：

■ 取得指定分頁要按照頁面上使用者行為操作才可以拿到預期的結果。

■ 分頁是每 10 頁會換一次，在分頁中合理範圍內是不會有錯誤的回應。比如說，拿第 1 頁的頁面去取第 2 頁到第 11 頁是不會有錯誤的。

到這裡，所有的課程查詢方式已經一個段落了，接下來，就是擷取課程內容的實做了。

擷取課程查詢網站內容 -part1

從前幾篇章節的爬蟲實做，我們總算將課程查詢網站爬蟲相關實做的部份告一個段落了，那在本篇章節中，我們要做的事情是，將前幾天下來所拿到的課程清單做一個擷取的動作，拿到我們所預期的每個課程相關的資訊。

課程查詢網站內容擷取實做

首先，跟之前的章節一樣，執行下列指令，並先將名為 php_crawler 容器停止與刪除，接著再將此爬蟲要用到的容器環境在背景運行起來：

```
01   docker stop php_crawler; docker rm php_crawler
02   docker run --name=php_crawler -d -it php_crawler bash
```

接著用自己偏好程式編輯器打開 lab2-1-fetch.php 並把程式碼內容放到此檔案裡面：

```
01   <?php
02
03   require_once __DIR__ . '/vendor/autoload.php';
04
05   use GuzzleHttp\Client;
06   use Symfony\Component\DomCrawler\Crawler;
07
08   $publicCourses = 'https://infosys.nttu.edu.tw/n_CourseBase_Select/
     CourseListPublic.aspx';
09
10   $headers = [
11       'Host' => 'infosys.nttu.edu.tw',
12       'Connection' => 'keep-alive',
13       'Cache-Control' => 'max-age=0',
14       'Upgrade-Insecure-Requests' => '1',
15       'Sec-Fetch-Mode' => 'navigate',
16       'Sec-Fetch-User' => '?1',
17       'Accept' => 'text/html,application/xhtml+xml,application/
     xml;q=0.9,image/webp,image/apng,*/*;q=0.8 application/signed-exchange;v=b3',
```

```php
18       'Sec-Fetch-Site' => 'none',
19       'Referer' => 'https://infosys.nttu.edu.tw/',
20       'Accept-Encoding' => 'gzip, deflate, br',
21       'Accept-Language' => 'zh-TW,zh;q=0.9,en-US;q=0.8,en;q=0.7',
22       'User-Agent' => 'Mozilla/5.0 (Windows; U; Windows NT 5.1; en-US;
     rv:1.8.1.13) Gecko/20080311 Firefox/2.0.0.13',
23   ];
24
25   $client = new Client(['cookies' => true]);
26   $response = $client->request('GET', $publicCourses, [
27       'headers' => $headers,
28   ]);
29
30   $publicCourseString = (string)$response->getBody();
31   $viewState = '__VIEWSTATE';
32   $eventValidation = '__EVENTVALIDATION';
33   $viewStateGenerator = '5D156DDA';
34
35   $crawler = new Crawler($publicCourseString);
36
37   $crawler
38     ->filter('input[type="hidden"]')
39     ->reduce(function (Crawler $node, $i) {
40         global $viewState;
41         global $eventValidation;
42         if ($node->attr('name') === $viewState) {
43             $viewState = $node->attr('value');
44         }
45         if ($node->attr('name') === $eventValidation) {
46             $eventValidation = $node->attr('value');
47         }
48     });
49
50   $formParams = [
51     'form_params' => [
52         'ToolkitScriptManager1' => 'UpdatePanel1|Button3',
53         'ToolkitScriptManager1_HiddenField' => '',
54         'DropDownList1' => '1081',
55         'DropDownList6' => '1',
56         'DropDownList2' => '%',
57         'DropDownList3' => '%',
```

```
58          'DropDownList4' => '%',
59          'TextBox9' => '',
60          'DropDownList5' => '%',
61          'DropDownList7' => '%',
62          'TextBox1' => '',
63          'DropDownList8' => '%',
64          'TextBox6' => '0',
65          'TextBox7' => '14',
66          '__EVENTTARGET' => '',
67          '__EVENTARGUMENT' => '',
68          '__LASTFOCUS' => '',
69          '__VIEWSTATE' => $viewState,
70          '__VIEWSTATEGENERATOR' => $viewStateGenerator,
71          '__SCROLLPOSITIONX' => '0',
72          '__SCROLLPOSITIONY' => '0',
73          '__EVENTVALIDATION' => $eventValidation,
74          '__VIEWSTATEENCRYPTED' => '',
75          '__ASYNCPOST' => 'false',
76          'Button3' => '查詢',
77      ],
78      'headers' => [
79          'Sec-Fetch-Mode: cors',
80          'Origin: https://infosys.nttu.edu.tw',
81          'Accept-Encoding: gzip, deflate, br',
82          'Accept-Language: zh-TW,zh;q=0.9,en-US;q=0.8,en;q=0.7',
83          'X-Requested-With: XMLHttpRequest',
84          'Connection: keep-alive',
85          'X-MicrosoftAjax: Delta=true',
86          'Accept: */*',
87          'Cache-Control: no-cache',
88          'Referer: https://infosys.nttu.edu.tw/n_CourseBase_Select/
    CourseListPublic.aspx',
89          'Sec-Fetch-Site: same-origin',
90          'User-Agent' => 'Mozilla/5.0 (X11; Linux x86_64) AppleWebKit/537.36
    (KHTML, like Gecko) Chrome/77.0.3865.90 Safari/537.36',
91      ],
92  ];
93
94  $response = $client->request('POST', $publicCourses, $formParams);
95
96  $coursesString = (string)$response->getBody();
```

```
97
98   $crawler = new Crawler($coursesString);
99
100  $orders = [
101      'mandatory',
102      'class',
103      'category',
104      'number',
105      'name',
106      'outline',
107      'credit',
108      'people_limit',
109      'people_least',
110      'people_select_course',
111      'people_course',
112      'teacher',
113      'teach_time',
114      'teach_place',
115      'advanced_course',
116      'merged_class',
117      'p.s',
118      'course_limit_info',
119      'special_course',
120  ];
121
122  $courses = [
123      'mandatory' => [],
124      'class' => [],
125      'category' => [],
126      'number' => [],
127      'name' => [],
128      'outline' => [],
129      'credit' => [],
130      'people_limit' => [],
131      'people_least' => [],
132      'people_select_course' => [],
133      'people_course' => [],
134      'teacher' => [],
135      'teach_time' => [],
136      'teach_place' => [],
137      'advanced_course' => [],
```

```
138      'merged_class' => [],
139      'p.s' => [],
140      'course_limit_info' => [],
141      'special_course' => [],
142 ];
143
144 $crawler
145    ->filter('tr[class="NTTU_GridView_Row"] td')
146    ->reduce(function (Crawler $node, $i) {
147        global $courses;
148        global $orders;
149
150        $index = $i % 19;
151        $text = str_replace([' ', "\n", "\r"], '', $node->text());
152
153        $courses[$orders[$index]][] = $text;
154    });
155
156 var_dump($courses);
```

上述擷取作法如下：

- 在宣告 $orders 變數之前，基本上是擷取 108 第一學期的課程列表之第一個分頁。

- 接著，再把回應的課程內容放到 DOM Crawler 中，解析的 CSS selector 為 tr[class = "NTTU_GridView_Row"] td。

- 由於是一行 (row) 的資訊，因此將每個課程欄位轉成中文，總共有 19 個，剛好回呼 (callback) 函數 $i 是序號，因此將此序號去除以 19 取餘數就是目前的值對應的欄位名稱，並放到那個欄位鍵值中的陣列裡面。

以上就是本章節有關於擷取課程內容的方式，接著就是大家會注意到有一個欄位叫做「教學大綱」，這個欄位其實是額外的一個外部課綱連結，代表這個課程相關概要與大綱內容。這也需要拿到對應的連結，所以下一篇章節需要做的事情是，要實做拿到每個課程對應課綱連結，至於課綱連結裡面內容擷取，就不太需要了，只需要紀錄課綱連結即可。

擷取課程查詢網站內容 -part2

從昨天的擷取課程查詢網站內容，可以擷取出每個分頁中的課程查詢列表中的每個課程相關資訊，在本章節中，就是將昨天擷取的方法做一個改善與進階擷取。

課程查詢網站內容擷取實做 - 第二部分

首先，跟之前的章節一樣，執行下列的指令，先將名為 php_crawler 之容器停止與刪除，接著將運行爬蟲要用到的容器環境：

```
01   docker stop php_crawler; docker rm php_crawler
02   docker run --name=php_crawler -d -it php_crawler bash
```

若命名重複，記得先將此命名移除。

```
01   docker rm  php_crawler
```

接著，用偏好的程式編輯器打開「lab2-1-fetch.php」並輸入下面的程式碼：

```
01   <?php
02
03   require_once __DIR__ . '/vendor/autoload.php';
04
05   use GuzzleHttp\Client;
06   use Symfony\Component\DomCrawler\Crawler;
07
08   $publicCourses = 'https://infosys.nttu.edu.tw/n_CourseBase_Select/
     CourseListPublic.aspx';
09
10   $headers = [
11       'Host' => 'infosys.nttu.edu.tw',
12       'Connection' => 'keep-alive',
13       'Cache-Control' => 'max-age=0',
14       'Upgrade-Insecure-Requests' => '1',
15       'Sec-Fetch-Mode' => 'navigate',
```

```
16      'Sec-Fetch-User' => '?1',
17      'Accept' => 'text/html,application/xhtml+xml,application/xml;q=0.9,image/
        webp,image/apng,*/*;q=0.8 application/signed-exchange;v=b3',
18      'Sec-Fetch-Site' => 'none',
19      'Referer' => 'https://infosys.nttu.edu.tw/',
20      'Accept-Encoding' => 'gzip, deflate, br',
21      'Accept-Language' => 'zh-TW,zh;q=0.9,en-US;q=0.8,en;q=0.7',
22      'User-Agent' => 'Mozilla/5.0 (Windows; U; Windows NT 5.1; en-US;
        rv:1.8.1.13) Gecko/20080311 Firefox/2.0.0.13',
23  ];
24
25  $client = new Client(['cookies' => true]);
26  $response = $client->request('GET', $publicCourses, [
27      'headers' => $headers,
28  ]);
29
30  $publicCourseString = (string)$response->getBody();
31  $viewState = '__VIEWSTATE';
32  $eventValidation = '__EVENTVALIDATION';
33  $viewStateGenerator = '5D156DDA';
34
35  $crawler = new Crawler($publicCourseString);
36
37  $crawler
38      ->filter('input[type="hidden"]')
39      ->reduce(function (Crawler $node, $i) {
40          global $viewState;
41          global $eventValidation;
42          if ($node->attr('name') === $viewState) {
43              $viewState = $node->attr('value');
44          }
45          if ($node->attr('name') === $eventValidation) {
46              $eventValidation = $node->attr('value');
47          }
48      });
49
50  $formParams = [
51      'form_params' => [
52          'ToolkitScriptManager1' => 'UpdatePanel1|Button3',
53          'ToolkitScriptManager1_HiddenField' => '',
54          'DropDownList1' => '1081',
```

```
55          'DropDownList6' => '1',
56          'DropDownList2' => '%',
57          'DropDownList3' => '%',
58          'DropDownList4' => '%',
59          'TextBox9' => '',
60          'DropDownList5' => '%',
61          'DropDownList7' => '%',
62          'TextBox1' => '',
63          'DropDownList8' => '%',
64          'TextBox6' => '0',
65          'TextBox7' => '14',
66          '__EVENTTARGET' => '',
67          '__EVENTARGUMENT' => '',
68          '__LASTFOCUS' => '',
69          '__VIEWSTATE' => $viewState,
70          '__VIEWSTATEGENERATOR' => $viewStateGenerator,
71          '__SCROLLPOSITIONX' => '0',
72          '__SCROLLPOSITIONY' => '0',
73          '__EVENTVALIDATION' => $eventValidation,
74          '__VIEWSTATEENCRYPTED' => '',
75          '__ASYNCPOST' => 'false',
76          'Button3' => '查詢',
77      ],
78      'headers' => [
79          'Sec-Fetch-Mode: cors',
80          'Origin: https://infosys.nttu.edu.tw',
81          'Accept-Encoding: gzip, deflate, br',
82          'Accept-Language: zh-TW,zh;q=0.9,en-US;q=0.8,en;q=0.7',
83          'X-Requested-With: XMLHttpRequest',
84          'Connection: keep-alive',
85          'X-MicrosoftAjax: Delta=true',
86          'Accept: */*',
87          'Cache-Control: no-cache',
88          'Referer: https://infosys.nttu.edu.tw/n_CourseBase_Select/
    CourseListPublic.aspx',
89          'Sec-Fetch-Site: same-origin',
90          'User-Agent' => 'Mozilla/5.0 (X11; Linux x86_64) AppleWebKit/537.36
    (KHTML, like Gecko) Chrome/77.0.3865.90 Safari/537.36',
91      ],
92  ];
93
```

```php
94   $response = $client->request('POST', $publicCourses, $formParams);
95
96   $coursesString = (string)$response->getBody();
97
98   $crawler = new Crawler($coursesString);
99
100  $orders = [
101      'mandatory',
102      'class',
103      'category',
104      'number',
105      'name',
106      'outline',
107      'credit',
108      'people_limit',
109      'people_least',
110      'people_select_course',
111      'people_course',
112      'teacher',
113      'teach_time',
114      'teach_place',
115      'advanced_course',
116      'merged_class',
117      'p.s',
118      'course_limit_info',
119      'special_course',
120  ];
121
122  $courses = [
123      'mandatory' => [],
124      'class' => [],
125      'category' => [],
126      'number' => [],
127      'name' => [],
128      'outline' => [],
129      'credit' => [],
130      'people_limit' => [],
131      'people_least' => [],
132      'people_select_course' => [],
133      'people_course' => [],
134      'teacher' => [],
```

```
135        'teach_time' => [],
136        'teach_place' => [],
137        'advanced_course' => [],
138        'merged_class' => [],
139        'p.s' => [],
140        'course_limit_info' => [],
141        'special_course' => [],
142    ];
143
144    $outlineHost = 'https://infosys.nttu.edu.tw/n_CourseBase_Select/';
145
146    $crawler
147        ->filter('tr[class="NTTU_GridView_Row"] td')
148        ->reduce(function (Crawler $node, $i) {
149            global $courses;
150            global $orders;
151            global $outlineHost;
152
153            $index = $i % 19;
154            $text = str_replace([' ', "\n", "\r"], '', $node->text());
155
156            if ($index === 5) {
157                $outlineText = str_replace('amp;', '', $node->html());
158                preg_match("/CourseInfo1.aspx\?id=\d+&yrsem=\d+/",
    $outlineText, $matched);
159                if (count($matched) === 1) {
160                    $courses[$orders[$index]][] = $outlineHost . $matched[0];
161                }
162            } else {
163                $courses[$orders[$index]][] = $text;
164            }
165        });
166
167    var_dump($courses);
```

我們可以注意到，有些程式碼以及擷取部份與前一章節的程式沒有不一樣的
地方，唯有差別的地方在於，每門課程之課綱擷取的部份，在課綱擷取的部
份在課綱擷取基本上都是空白的，其實是裡面還有一個連結，所以上面程式
將擷取部份做一個加強。

而可以利用 PHP 內建之 preg_match 函式執行正規表達式之判斷，下方為程式碼片段：

```
01    preg_match("/CourseInfo1.aspx?id=\d+&yrsem=\d+/", $outlineText, $matched);
```

並可以將課綱對應到的網址擷取出來，接著前面再加上網址，也就是 $outlineHost 變數，這樣就完成每個對應的課綱網址了。有關於課程查詢爬蟲實做與擷取課程相關資訊已經結束了，下篇章節將是有關於證券網站爬蟲分析，與指定網站內容擷取方法分析與實做。

05

案例研究 3-1 證券網站

筆者還記得，在知道這個網站的時候是在大學二年級時候，那時候家人需要知道每日股市收盤價的需求以及轉換裡面檔案內容格式，但是當時筆者那時候對於程式開發與相關的技術還是很淺，筆者只好在有限的技術下勉強開發出上述的轉換檔案內容的需求，直到現在，筆者個人覺得是時候該加強這項服務並回饋給家人了。因此我開始研究這整套服務，在網站擷取相關目標如下：

■ 研究此證券交易商之網站，並找到該如何拿到每日收盤價檔案之方法。
■ 擷取出回應回來的檔案內容並可以將指定的收盤價檔案下載回來。

分析證券網站之收盤價檔案下載

首先，先進入這個網站：https://www.kgieworld.com.tw/Stock/stock_2_7.aspx?findex＝1，相關的網站截圖如下：

凱基證券
KGI SECURITIES
個股行情 台股 查詢 查代碼 站內搜尋
平台導覽 客服中心
台股 承銷 期貨 債券 財富管理 基金 海外股票 保險 新金融商品 OSU國際證券 股務代理 投顧專區
全球交易中心
*身分證字號 *密碼 登入 啟用海外複委託功能 忘記密碼
凱基銀行網銀
▼日經指數 21375.25-0.16%(10/07) ▼香港恆生 25821.03-1.11%(10/04)
台股
即時新聞
大盤動態
盤勢分析
大盤焦點
漲跌幅與價量排行
漲跌幅排行
成交量排行
成交值排行
資金進出排行
主力買賣超
法人進出
信用交易
您現在位置：首頁 > 台股 > 大盤動態 > 收盤價下載
收盤價下載
日期
點選下載
2019-10-07 下載
2019-10-04 下載
2019-10-03 下載
2019-10-02 下載
2019-10-01 下載
註1：每日收盤價轉檔時間為PM4:30
註2：成交量單位：上市櫃(張)、興櫃(股)
註3：本文所載資料僅供參考，資料來源以臺灣證券交易所公告為準

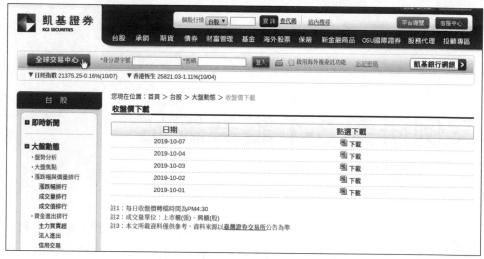

▲ 圖 26：證券商網站首頁

從上面網頁，我們可以看到，從 10/01 到 10/07 的的每日收盤價資料，這代表一件事情就是，在這個網頁只會保留今日的前 4 天收盤價資料。相關的網站截圖如下：

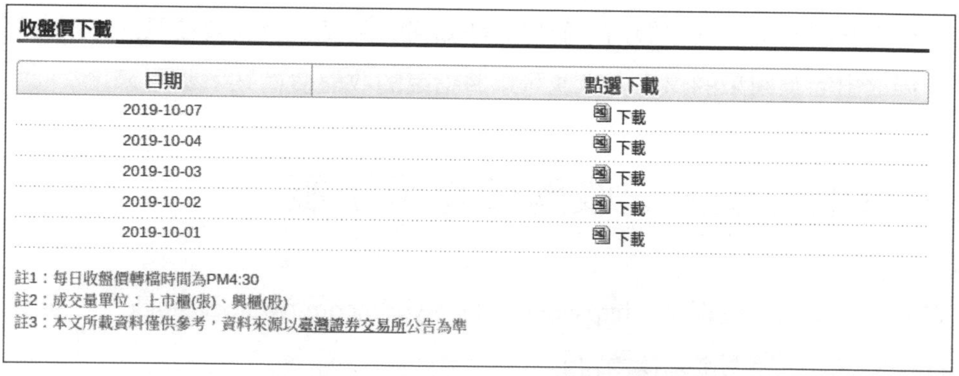

收盤價下載
日期
點選下載
2019-10-07 下載
2019-10-04 下載
2019-10-03 下載
2019-10-02 下載
2019-10-01 下載
註1：每日收盤價轉檔時間為PM4:30
註2：成交量單位：上市櫃(張)、興櫃(股)
註3：本文所載資料僅供參考，資料來源以臺灣證券交易所公告為準

▲ 圖 27：證券商網站之收盤價下載表格

因此初步的網站分析為下列的做法：

- 請求此網址。
- 分析此網站內容並找到對應的五個收盤價檔案。
- 將這些收盤價檔案檔案下載回來。

本日章節，稍微解釋為什麼要做此網站分析與擷取網站內容的緣起，以及此網站的請求方式與目的，在下一章節中將會實做網站爬蟲，將請求此網站並拿到對應的網站內容。

分析證券網站與內容擷取方法

在前一章節中，描述為什麼要針對這個證券商網頁進行擷取與實做爬蟲與基本的網頁行為分析，在本章節要做的事情是：

- 對此網站做分析，找到可行的實做爬蟲方式。
- 針對此網站爬回來的內容，找到可行的方式來擷取出收盤價的檔案。

網站爬蟲分析

首先，先進入這個網站 https://www.kgieworld.com.tw/Stock/stock_2_7.aspx?findex＝1，相關截圖如下：

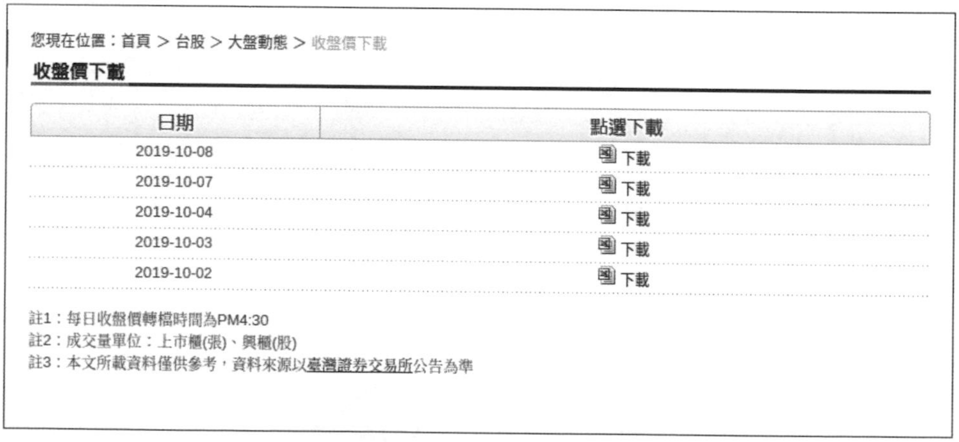

您現在位置：首頁 > 台股 > 大盤動態 > 收盤價下載

收盤價下載

日期	點選下載
2019-10-08	下載
2019-10-07	下載
2019-10-04	下載
2019-10-03	下載
2019-10-02	下載

註1：每日收盤價轉檔時間為PM4:30
註2：成交量單位：上市櫃(張)、興櫃(股)
註3：本文所載資料僅供參考，資料來源以臺灣證券交易所公告為準

▲ 圖 28：證券商網站之收盤價下載表格

接著可以看到上面這個截圖，我們打開 Google Chrome 瀏覽器之開發者控制台，並試著找到這個表格在哪，相關操作截圖如下：

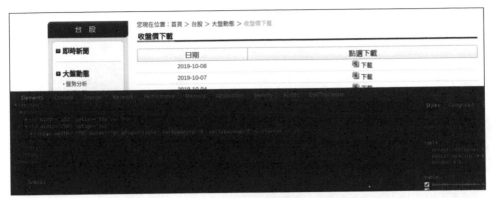

▲ 圖 29：證券商網站之收盤價下載表格下啟用開發者模式

這樣從上面截圖可以知道，這個收盤價的表格檔案下載表格 HTML 網頁內容：

```
01  <table width="778" border="0" align="right" cellpadding="0" cellspacing="0">
02    <tbody><tr>
03   <td><table width="778" border="0" cellspacing="0" cellpadding="0">
04  <tbody><tr>
05  <td width="648" align="left" valign="middle" class="menu01">
06      您現在位置：<a href="../index/index.aspx">首頁 </a> > <a href="stock_
    home.aspx">台股 </a> > <a href="stock_2_1.aspx?findex=1">大盤動態 </a> >
    <span style="color:#ff9933">收盤價下載 </span>          </td>
07    <td width="130"> </td>
08   </tr>
09  </tbody></table></td>
10  </tr>
11    <tr>
12    <td height="10"><img src="../images/1_space.gif" width="1" height="1"></td>
13    </tr>
14    <tr>
15     <td height="35" valign="top"><img src="../images/title_buy04.gif" width=
    "778" height="20"></td>
16    </tr>
17     <tr>
18  <td valign="top"><table width="778" border="0" cellspacing="0" cellpadding="0">
19  <tbody><tr>
20  <td><img src="../images/download_head2.gif" width="778" height="29"></td>
```

```
21   </tr>
22   <tr>
23     <td><table width="778" border="0" cellspacing="0" cellpadding="0">
24      <tbody><tr>
25   <td width="250" height="25" align="center" valign="middle" class="menu01">
26    <span id="lblDate01">2019-10-08</span>                    </td>
27   <td width="528" align="center" valign="middle" class="menu02">
28    <img src="../images/xls.gif" width="16" height="16">
29    <a id="lbtnDown01" class="menu02" href="javascript:__doPostBack
     ('lbtnDown01',")">下載 </a>                  </td>
30    </tr>
31    <tr>
32   <td height="1" colspan="2" background="../images/dot_line.gif"><img src="..
     /images/1_space.gif" width="1" height="1"></td>
33    </tr>
34   </tbody></table></td>
35    </tr>
36    <tr>
37   <td><table width="778" border="0" cellspacing="0" cellpadding="0">
38    <tbody><tr>
39   <td width="250" height="25" align="center" valign="middle" class="menu01">
40   <span id="lblDate02">2019-10-07</span>                    </td>
41   <td width="528" align="center" valign="middle" class="menu02">
42   <img src="../images/xls.gif" width="16" height="16">
43   <a id="lbtnDown02" class="menu02" href="javascript:__doPostBack
     ('lbtnDown02',")">下載 </a>                  </td>
44   </tr>
45    <tr>
46   <td height="1" colspan="2" background="../images/dot_line.gif"><img src="../
     images/1_space.gif" width="1" height="1"></td>
47    </tr>
48   </tbody></table></td>
49    </tr>
50    <tr>
51      <td><table width="778" border="0" cellspacing="0" cellpadding="0">
52    <tbody><tr>
53    <td width="250" height="25" align="center" valign="middle" class=
     "menu01"><span id="lblDate03" class="menu01">2019-10-04</span>        </td>
54    <td width="528" align="center" valign="middle" class="menu02"><img
     src="../images/xls.gif" width="16" height="16">
55    <a id="lbtnDown03" href="javascript:__doPostBack('lbtnDown03',")">下載 </a>
     </td>
```

```
56    </tr>
57    <tr>
58  <td height="1" colspan="2" background="../images/dot_line.gif"><img src="../
      images/1_space.gif" width="1" height="1"></td>
59  </tr>
60    </tbody></table></td>
61  </tr>
62    <tr>
63    <td><table width="778" border="0" cellspacing="0" cellpadding="0">
64    <tbody><tr>
65  <td width="250" height="25" align="center" valign="middle" class="menu01">
66    <span id="lblDate04">2019-10-03</span>                </td>
67    <td width="528" align="center" valign="middle" class="menu02">
68  <img src="../images/xls.gif" width="16" height="16">
69  <a id="lbtnDown04" href="javascript:__doPostBack('lbtnDown04',")">下載</a>    </td>
70  </tr>
71    <tr>
72  td height="1" colspan="2" background="../images/dot_line.gif"><img src="../
      images/1_space.gif" width="1" height="1"></td>
73    </tr>
74    </tbody></table></td>
75    </tr>
76    <tr>
77  <td><table width="778" border="0" cellspacing="0" cellpadding="0">
78  <tbody><tr>
79    <td width="250" height="25" align="center" valign="middle" class="menu01">
80  <span id="lblDate05">2019-10-02</span>                </td>
81    <td width="528" align="center" valign="middle" class="mnu02">
82  <img src="../images/xls.gif" width="16" height="16">
83    <a id="lbtnDown05" href="javascript:__doPostBack('lbtnDown05',")">下載</a>    </td>
84    </tr>
85    <tr>
86  <td height="1" colspan="2" background="../images/dot_line.gif"><img src="../
      images/1_space.gif" width="1" height="1"></td>
87  </tr>
88  </tbody></table></td>
89  </tr>
90  </tbody></table></td>
91  </tr>
92  <tr>
93  <td> </td>
```

```
94    </tr>
95    <tr>
96    <td>
97    註 1：每日收盤價轉檔時間為 PM4:30<br>
98    註 2：成交量單位：上市櫃（張）、興櫃（股）<br>
99    註 3：本文所載資料僅供參考，資料來源以 <a href="https://www.twse.com.tw/" target=
      "_blank"> 臺灣證券交易所 </a> 公告為準
100   </td>
101   </tr>
102   <tr>
103   <td>
104   </td>
105   </tr>
106   </tbody></table>
```

接著看起來這個表格的元素：「 < table width = "778" border = "0" align = "right"
cellpadding = "0" cellspacing = "0" > ..... < /table > 」是獨特的。接著看其中一
個檔案下載連結，可以發現裡面會觸發前端頁面中某一個 JavaScript 函數，
相關連結中放的觸發 JS 如下：

```
01    javascript:__doPostBack('lbtnDown01',")
```

接著，找到了這段 JavaScript 函數，相關的節錄如下：

```
01    function __doPostBack(eventTarget, eventArgument) {
02        if (!theForm.onsubmit || (theForm.onsubmit() != false)) {
03            theForm.__EVENTTARGET.value = eventTarget;
04            theForm.__EVENTARGUMENT.value = eventArgument;
05            theForm.submit();
06        }
07    }
```

　　稍微按下上述網頁截圖中的下載連結，監控一下 HTTP 是怎麼發送的，相
關監控的 HTTP 發送截圖如下：

▲ 圖 30：證券商網站之收盤價下載表格之開發者模式 Headers 分頁

看了上述截圖中的表單參數，跟前章節有關於課程查詢網站之案例研究一樣，都是以 ASP.NET 來進行網站後端的實做，因此在表單與請求的資料中皆有 __EVENTVALIDATION 等相關參數，綜合上面的分析，可以得到下列的爬蟲實做方法與擷取內容方法：

爬蟲實做方法

- 使用 HTTP GET 之請求方法請求這個收盤價檔案下載的網站。
- 透過回應回來的內容，擷取出每個收盤價檔案請求的方式。

收盤價檔案截取方法

- 上面爬蟲實做完成之後，可以找到每個 __EVENTTARGET 與 __EVENTARGUMENT 參數所對應的收盤價檔案。
- 找到相對應的表單參數之後，利用 HTTP POST 方法分別去請求這些收盤價檔案回來。

透過上面的分析，我們可以分別知道爬蟲該如何實做，以及回應回來的網站內容擷取方法，在下一章節之案例研討中，將會實做爬蟲出來，並試著解析網站內容中對應的收盤價檔案連結請求方式。

實做證券網站爬蟲

從前一篇章節中，做了網站分析外，我們可以知道爬蟲實做，與回應網站內容擷取的大概做法，在本篇章節中，要做的事情是，將此網站爬蟲給實做出來，並找到收盤價檔案的列表。

爬蟲實做

首先，先依序執行下列指令，將名為 php_crawler 之容器停止與刪除，接著將所需要的運行爬蟲容器環境在背景啟動：

```
01   docker stop php_crawler; docker rm php_crawler
02   docker run --name=php_crawler -d -it php_crawler bash
```

接著，打開自己偏好的 PHP 程式開發編輯器並開啟檔案名為「lab3-1-closing-price.php」並輸入下面的程式碼內容：

```
01   <?php
02
03   require_once __DIR__ . '/vendor/autoload.php';
04
05   use GuzzleHttp\Client;
06   use Symfony\Component\DomCrawler\Crawler;
07
08   $closingPriceLink = 'https://www.kgieworld.com.tw/Stock/stock_2_7.aspx?findex=1';
09
10   $client = new Client(['cookies' => true]);
11   $response = $client->request('GET', $closingPriceLink);
12
13   $responseString = (string)$response->getBody();
14   $viewState = '__VIEWSTATE';
15   $eventValidation = '__EVENTVALIDATION';
16   $viewStateGenerator = '63FF896A';
17
18   $closingPriceFileContents = [
19       'lbtnDown01' => '',
```

```php
20      'lbtnDown02' => '',
21      'lbtnDown03' => '',
22      'lbtnDown04' => '',
23      'lbtnDown05' => '',
24  ];
25
26  $closingPriceDates = [
27      'lblDate01' => '',
28      'lblDate02' => '',
29      'lblDate03' => '',
30      'lblDate04' => '',
31      'lblDate05' => '',
32  ];
33
34  $crawler = new Crawler($responseString);
35
36  $crawler
37      ->filter('input[type="hidden"]')
38      ->reduce(function (Crawler $node, $i) {
39          global $viewState;
40          global $eventValidation;
41
42          if ($node->attr('name') === $viewState) {
43              $viewState = $node->attr('value');
44          }
45          if ($node->attr('name') === $eventValidation) {
46              $eventValidation = $node->attr('value');
47          }
48      });
49
50  foreach ($closingPriceDates as $btnDateKey => $btnDate) {
51      $crawler
52          ->filter('span[id="' . $btnDateKey . '"]')
53          ->reduce(function (Crawler $node, $i) {
54              global $closingPriceDates;
55              global $btnDateKey;
56              $closingPriceDates[$btnDateKey] = $node->text();
57          });
58  }
59
60  var_dump($closingPriceDates);
```

接著，把此 PHP 程式檔案複製到 Docker 容器中，利用下列的指令：

```
01   docker cp lab3-1-closing-price.php php_crawler:/root/
```

並執行下面的 PHP 程式：

```
01   docker exec -it php_crawler php lab3-1-closing-price.php
```

接著，會得到下面的結果：

```
01   array(5) {
02     ["lblDate01"]=>
03     string(10) "2019-10-09"
04     ["lblDate02"]=>
05     string(10) "2019-10-08"
06     ["lblDate03"]=>
07     string(10) "2019-10-07"
08     ["lblDate04"]=>
09     string(10) "2019-10-04"
10     ["lblDate05"]=>
11     string(10) "2019-10-03"
12   }
```

爬蟲實做方法如下：

- 因為已經知道日期對應的 span 元素屬性為：「lblDate01」到「lblDate05」，所以就先宣告好這個關聯陣列。
- 接著依序將關聯陣列中的鍵值取出並去擷取相對應的元素的文字出來，文字對應到即是收盤日期。
- 另外，可以知道每個收盤價檔案下載的事件目標，也就是表單參數中的 __EVENTTARGET。
- 上述這件事情，將會再明日實做，拿到對應的收盤價檔案了。

這邊做一個本篇章節的小結，本章節實做了此證券網站的爬蟲，並拿到每日的收盤價日期與對應的收盤價檔案的表單參數，在下一章節，將會將對應的收盤價日期的收盤價檔案下載回來。

證券網站內容之收盤價檔案下載擷取

在前一篇章節中,我們將網站爬蟲已經實做了,在本章節,我們要將在回應回來的網頁內容中的每個收盤價檔案給找到並下載回來。

首先,先依序執行下列指令,將名為 php_crawler 之容器停止與刪除,接著運行此爬蟲之容器環境:

```
01   docker stop php_crawler; docker rm php_crawler
02   docker run --name=php_crawler -d -it php_crawler bash
```

接著,打開自己偏好使用的 PHP 程式開發編輯器,以及編輯前一章節所用過的「lab3-1-closing-price.php」檔案,打開後並改成下面的內容:

```
01   <?php
02
03   require_once __DIR__ . '/vendor/autoload.php';
04
05   use GuzzleHttp\Client;
06   use Symfony\Component\DomCrawler\Crawler;
07
08   $closingPriceLink = 'https://www.kgieworld.com.tw/Stock/stock_2_7.aspx?findex=1';
09
10   $client = new Client(['cookies' => true]);
11   $response = $client->request('GET', $closingPriceLink);
12
13   $responseString = (string)$response->getBody();
14   $viewState = '__VIEWSTATE';
15   $eventValidation = '__EVENTVALIDATION';
16   $viewStateGenerator = '63FF896A';
17
18   $closingPriceFileContents = [
19       'lbtnDown01',
20       'lbtnDown02',
21       'lbtnDown03',
22       'lbtnDown04',
23       'lbtnDown05',
```

```
24    ];
25
26    $closingPriceDates = [
27        'lblDate01' => '',
28        'lblDate02' => '',
29        'lblDate03' => '',
30        'lblDate04' => '',
31        'lblDate05' => '',
32    ];
33
34    $crawler = new Crawler($responseString);
35
36    $crawler
37        ->filter('input[type="hidden"]')
38        ->reduce(function (Crawler $node, $i) {
39            global $viewState;
40            global $eventValidation;
41
42            if ($node->attr('name') === $viewState) {
43                $viewState = $node->attr('value');
44            }
45            if ($node->attr('name') === $eventValidation) {
46                $eventValidation = $node->attr('value');
47            }
48        });
49
50    foreach ($closingPriceDates as $btnDateKey => $btnDate) {
51        $crawler
52            ->filter('span[id="' . $btnDateKey . '"]')
53            ->reduce(function (Crawler $node, $i) {
54                global $closingPriceDates;
55                global $btnDateKey;
56                $closingPriceDates[$btnDateKey] = $node->text();
57            });
58    }
59
60    $formParams = [
61        'form_params' => [
62            '__EVENTTARGET' => '',
63            '__EVENTARGUMENT' => '',
64            '__VIEWSTATE' => $viewState,
65            '__VIEWSTATEGENERATOR' => $viewStateGenerator,
```

```
66          '__EVENTVALIDATION' => $eventValidation,
67          'selMarket' => '1',
68          'T1' => '',
69          'T1' => '',
70      ],
71      'headers' => [
72          'Host' => 'www.kgieworld.com.tw',
73          'Upgrade-Insecure-Requests' => '1',
74          'User-Agent' => 'Mozilla/5.0 (X11; Linux x86_64) AppleWebKit/537.36
    (KHTML, like Gecko) Chrome/77.0.3865.90 Safari/537.36',
75          'Sec-Fetch-Mode' => 'navigate',
76          'Sec-Fetch-User' => '?1',
77          'Sec-Fetch-Site' => 'same-origin',
78      ],
79  ];
80
81  $index = 1;
82  foreach ($closingPriceFileContents as $eventTarget) {
83      $formParams['form_params']['__EVENTTARGET'] = $eventTarget;
84      $response = $client->request('POST', $closingPriceLink, $formParams);
85      $closingPriceFileContent = (string)$response->getBody();
86      $closingPriceFileName = $closingPriceDates['lblDate0' . $index] . '.csv';
87      $fileHandler = fopen($closingPriceFileName, 'w');
88
89      $closingPriceCrawler = new Crawler($closingPriceFileContent);
90      $closingPriceCrawler
91          ->filter('tr')
92          ->reduce(function (Crawler $node, $i) {
93              global $fileHandler;
94
95              $texts = str_replace(["\r", "\n", " ", "     ", "'", "amp;",
    '<td>'], '', $node->html());
96              $texts = str_replace('</td>', ',', $txts);
97              $texts = mb_substr($texts, 0, -1) . "\n";
98
99              fputs($fileHandler, $texts);
100     });
101
102     fclose($fileHandler);
103     $index += 1;
104 }
```

我們可以發現到，新增從「$index = 1;」這行開始以下的程式碼，這段程式碼能將上面拿到的回應網頁內容中，擷取出每個日期對應的收盤價檔案；但是從網頁下載的收盤價檔案可以發現一件事情，其情形如下，可以利用在爬蟲開發環境之容器中的「file」指令可以看到此下載回來的其中一個收盤價檔案資訊：

```
01   /home/c668ae0c773b/20191009.xls: HTML document, UTF-8 Unicode text, with
     CRLF line terminators
```

副檔名雖然是「xls」但是內容是 HTML 之網頁內容，打開來之後是一個表格的內容，相關內容如下：

```
01   <table cellspacing="0" rules="all" border="1" id="gvExport" style="font-
     family: 標楷體;border-collapse:collapse;">
02   ......
03   </table>
```

很顯然是，每個 tr 標籤中是一個 row，那我們需要自己解析出這些標籤內容，自行轉換成 CSV 檔案的格式，將這些轉換與解析程式已經實做在上述的程式內容中了。接著，我們在上述執行的 Docker 容器中執行此程式，會得到下面的結果，接著依序執行下面的指令：

```
01   docker cp lab3-1-closing-price.php     php_crawler:/root/
02   docker exec php_crawler php lab3-1-closing-price.php
```

接著，會得到下列這幾個檔案，隨著每日不同得到的收盤價日期檔案也會有不同，此網站後端只保留最新開盤日期距離前五天的收盤價資料而已。執行完上述的程式之後，接著會看到多了 5 個 CSV 檔案：

```
01   docker exec -it php_crawler ls /root/
02   2019-10-03.csv  2019-10-08.csv  composer.lock         vendor
03   2019-10-04.csv  2019-10-09.csv  composer.phar
04   2019-10-07.csv  composer.json   lab3-1-closing-price.php
```

在每個檔案內容中，會有一些不必要的字元，像是有「'」，還有「&」會轉成 HTML 特殊字元 (&) 等。

為了這些的內容，我們需要用字串取代的函數將其內容做一些轉換，讓輸出的 CSV 檔案內容有一個比較好的結果與呈現，從上面的實做程式，我們可以知道完成了幾件事情：

■ 從回應回來的網頁內容進行解析並擷取出對應收盤價日期的收盤價檔案。

■ 發現每個收盤價檔案並不是一個 xls，也不是一個 CSV 檔案，而是 table 組成的檔案內容。

■ 為了將用 table 組成的 HTML 標籤轉換成 CSV 檔案格式並匯出相對應的收盤價 CSV 檔案。

在下一章節中，筆者將會帶著讀者看的是有關於檔案上傳的網路機器人分析與實做，並將檔案上傳到超商的雲端列印網站。

案例研究 4-1
超商雲端列印網站

筆者還記得，有時候家裡的印表機壞了，或是在天色很晚到路上的影印店都關門的時候，有緊急的影印需求時，便利超商所提供的列印服務就變得非常重要與方便，不過每當筆者要將檔案上傳的時候，都需要使用網頁進行檔案的選擇以及按下上傳的按鈕將檔案上傳到超商的雲端列印網站，有時候筆者會覺得這樣的動作很不方便，應該要有一個自動化的方式，讓上傳檔案到超商的雲端列印網站流程變得更加方便；本章節，即探討上述的實做自動上傳雲端列印的網路機器人，讓上檔案的這件事對讀者們來說更為方便。在此超商雲端列印網站上傳檔案之網路機器人實做中，筆者將會帶著讀者研究兩個超商的雲端列印網站之檔案上傳以及雲端列印查詢等這兩個網路機器人之實做。

超商雲端列印網站上傳檔案之分析方法 -part1

首先，這是案例研究 4-1 之第一家超商雲端列印網站，首先，先打開 Google Chrome 瀏覽器並輸入：https://print.ibon.com.tw/ibonprinter 網址後，進到下列網站之後，可以看到如下的頁面截圖：

▲ 圖 31：超商雲端列印網站首頁

從上面的頁面截圖中，可以看到的一個上傳檔案的網頁以及幾個表單可以提供使用者填入一些欄位的地方，其表單欄位如下：

- 左上角有一個上傳方式清單，進入此網頁之後，預設為本機上傳。
- 姓名，為上傳檔案之人名。
- 電子郵件，為上傳檔案之電子郵件。
- 中間的區塊為新增檔案，為上傳檔案的地方。
- 以及一個讓使用者勾選確認檔案上傳與下載申請同意書。
- 確認上傳的綠色按鈕。

接著在此上述的頁面點擊「F12」按鈕之後，可以得到下列的元素：

▲ 圖 32：超商雲端列印網站首頁之開發者模式檢查頁面元素

接著，模擬一遍一般使用者上傳檔案的行為之後，在網頁開發者模式中點擊「Network」的分頁來切換到此頁面查看網路的活動，如下圖所示：

▲ 圖 33：超商雲端列印網站首頁啟用開發者模式之 Network 分頁

接著上傳一個檔案之後，會發現「Network」分頁有了動作，如下之頁面截圖所示：

▲ 圖 34：超商雲端列印網站開發者模式 Network 分頁之 XHR

從上圖中可以得知，當選擇一個檔案並按下確定之後，則會觸發如上面頁面截圖的「LocalFileUpload」的 HTTP POST 請求發送，將此發送點開之後，可以看到發送表單參數，如下面的截圖：

▲ 圖 35：超商雲端列印網站首頁開發者模式之 Form Data

從上面的頁面截圖可以得知，會先做上傳檔案的動作，而要傳的參數有：

- 指定的檔案，在圖中為一個名為「OOPPHP」PDF 檔案。
- 利 用 HTTP POST 方 法 對 https://printadmin.ibon.com.tw/IbonUpload/
  IbonUpload/LocalFileUpload 網址進行請求。
- 上傳檔案成功之後，即可以拿到一個回應的 JSON 字串，其相關範例如下：

```
01  {"Hash":"974a24f6-7a66-41b1-8ea3-70b184b22d52","FileName":"20bde16b-b760-
    49a2-981b-ff9562e12033OOPPHP.pdf","Size":0,"ResultCode":"00","Message":" 成功 "}
```

- 備註：在頁面上操做上述的檔案上傳的動作時候，若沒有填寫姓名與電子郵件時，會出現如下面的頁面截圖，圖中為按下「新增檔案」按鈕且沒有填寫上述的欄位的時候所出現的情形圖示：

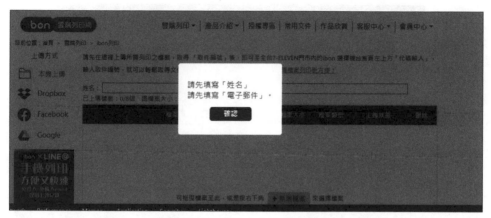

▲ 圖 36：超商雲端列印網站之上傳檔案時跳出的提示訊息

- 從網頁開發者模式中的「Network」分頁所看到的上傳檔案行為可以知道，其實在上述的上傳檔案的請求中，並不會傳送姓名與電子郵件；由此可見，上面的頁面截圖會跳出為前端所做的認證，會在按下「新增檔案」按鈕之後，觸發此前端頁面之 JavaScript 來判斷與檢驗姓名與電子郵件之欄位。

在上傳檔案完成之後，按下「我已詳閱 檔案上傳及下載申請同意書」檢核按鈕，接著再按下網頁上面的「確認上傳」之綠色按鈕之後，可以看到如下之截圖：

▲ 圖 37：超商雲端列印網站上傳檔案成功訊息頁面

若跳出上述截圖，則代表上傳的檔案已經成功的儲存到超商的雲端空間了，並跳出上傳文件的一些相關資訊，如文件上傳日期、文件列印期限以及取件編號號碼以及二維條碼（QRCode）等。在跳出上述之頁面之截圖中的頁面之同一時間，超商雲端列印服務也會發送一封信件到當初在上傳檔案之前所填寫的電子郵件，收到的電子郵件內容與上述的頁面截圖無異，下面截圖為電子郵件主旨與寄送郵件地址：

▲ 圖 38：超商雲端列印服務寄送的信件主旨

接著再回到「Network」分頁，接著可以看到下面之截圖可以發現，分別多了「IbonFileUpload」與「FileUpload」之請求：

Name	Status	Type	Initiator
☐ LocalFileUpload	200	xhr	ibonprint:1
☐ IbonFileUpload	200	xhr	ibonprint:1
☐ FileUpload	200	xhr	ibonprint:1

▲ 圖 39：超商雲端列印網站開發者模式之 Network 分頁下請求列表

先從「IbonFileUpload」之請求做分析，可以發現如下幾點：

- 利用 HTTP POST 方法發送請求到 https://printadmin.ibon.com.tw/IbonUpload/ IbonUpload/IbonFileUpload 之網站。

- 接著帶過去的表單資料參數為 3 個，分別為 hash、user 以及 email，如下之截圖所示：

> ▾ **Form Data**　　view source　　view URL encoded
> **hash:** 39044bbc-672d-4c65-b2e1-803b8cb1e94d
> **user:** Peter
> **email:** peter279k@gmail.com

▲ 圖 40：超商雲端列印網站之 IbonFileUpload 請求所帶的 Form Data

- 其中，表單請求的參數中有一個 hash 之欄位，裡面其實就是前一個發送「LocalFileUpload」之請求之後拿到的回應裡的「Hash」中的值是一樣的。

- 那最後一個「FileUpload」之 https://printadmin.ibon.com.tw/IbonUpload/ IbonUpload/FileUpload 網址請求之表單請求參數為一個 JSON 並帶有一個 hash 鍵與對應一個空字串，如下截圖所示：

Name	Headers Preview Response Initiator Timing
☐ LocalFileUpload	refferch https://print.ibon.com.tw/
☐ IbonFileUpload	**sec-fetch-dest:** empty
☐ FileUpload	**sec-fetch-mode:** cors
	sec-fetch-site: same-site
	user-agent: Mozilla/5.0 (Windows NT 6.1; Win64;
	▾ **Request Payload**　　view parsed
3 / 8 requests　　3.0 kB / 3.1 kB t	{"hash":""}

▲ 圖 41：超商雲端列印網站之 FileUpload 請求所帶的資料

從上述的網頁行為中，可以得知實做此超商雲端列印網路機器人的步驟：

- 首先，需要先指定一個本地端檔案並利用 HTTP POST 方法並向 https:// printadmin.ibon.com.tw/IbonUpload/IbonUpload/LocalFileUpload 網址進行發送上傳檔案的請求，發送的請求之 Content-Type 為「multipart/form-data」，並使用此方式進行檔案傳輸，所要帶的表單參數有：
  - file，為二進位制，為上傳檔案的內容。
  - fileName，為字串，是上傳檔案的檔名。
  - hash，為自行產生一個通用唯一辨識碼（UUID）字串。
- 當上述的請求成功之後，則會拿到一個回應的 JSON 字串，則可以找到一個 Hash 值，這個 Hash 雜湊值則是用來對應在其網站後端上面的之前所上傳的檔案。
- 接著再利用 HTTP POST 方法向 https://printadmin.ibon.com.tw/IbonUpload/IbonUpload/IbonFileUpload 網址進行發送請求，並在請求的表單資料中代入「hash」、「user」與「email」等 3 個欄位與對應的值。
- 至於最後的「FileUpload」，對應的請求網址為：https://printadmin.ibon.com.tw/IbonUpload/IbonUpload/FileUpload，則是利用 HTTP POST 方法進行發送一個 JSON 字串，其字串內容為 1 個 hash 鍵，而對應的值為 1 個空字串。

在下一章節，要將上述的實做步驟一步步的做出超商雲端列印檔案上傳的網路機器人了。

實做超商雲端列印網站上傳檔案機器人 -part1

首先，先將依序執行下列的指令，將名為 php_crawler 之容器進行停止與刪除的動作，接著將需要用到的運行爬蟲的容器環境給運行起來：

```
01   docker stop php_crawler; docker rm php_crawler
02   docker run --name=php_crawler -d -it php_crawler bash
```

接著可以打開讀者自己所偏好的 PHP 程式開發編輯器並建立一個名為「lab4-1-1.php」的檔案，並將下列程式碼放到此 PHP 檔案中，其內容如下：

```
01   <?php
02
03   require_once __DIR__ . '/vendor/autoload.php';
04
05   use GuzzleHttp\Client;
06   use Ramsey\Uuid\Uuid;
07
08   $ibonPrintAdminUrl = 'https://printadmin.ibon.com.tw/IbonUpload/IbonUpload/
     LocalFileUpload';
09
10   $client = new Client(['cookie' => true]);
11   $fileUuid = (string)Uuid::uuid4();
12   $formParams = [
13       'multipart' => [
14           [
15               'name' => 'file',
16               'contents' => fopen('./OOPPHP.pdf', 'r'),
17               'headers' => [
18                   'Content-Type' => 'application/pdf',
19               ],
20           ],
21           [
22               'name' => 'fileName',
23               'contents' => 'OOPPHP.pdf',
24           ],
25           [
26               'name' => 'hash',
```

```
27              'contents' => $fileUuid,
28          ],
29      ],
30  ];
31  $response = $client->request('POST', $ibonPrintAdminUrl, $formParams);
32
33  $responseStr = (string)$response->getBody();
34  var_dump($responseStr);
35
36  $responseJson = json_decode((string)$response->getBody(), true);
37  var_dump($responseJson);
```

上述的程式碼說明為：

- 首先先建立一個 GuzzleHttp\Client 的類別，並在類別建構式中設定
  「cookie」需要與其他的請求共用，如此一來，之後的請求只要使用此
  $client 要進行發送請求前，會一併帶入 cookie 後再發送請求。

- 接著建立一個 Ramsey\Uuid\Uuid 之類別，接著宣告一個關聯式陣列，
  裡面含有一個「multipart」的鍵值，裡面包含了「file」的欄位名稱、
  內容為上傳檔案內容並以 fopen 函式開啟，讓「contents」鍵值可以是
  resource 的型別。

- 接著加入一個名為「headers」之鍵值並對應一個陣列並加入「Content-
  Type」之請求標頭（header），因為在範例程式碼中，上傳的檔案格式為
  PDF 檔，因此這邊的請求標頭所對應的值為「application/pdf」。接著是
  名為「fileName」的欄位名稱，「contents」內容為此上傳檔案之名稱。

- 最後一個為「hash」欄位名稱，並讓「contents」內容為先前所產生好的
  通用唯一辨識碼（UUID）字串。這裡的範例程式碼筆者所用的是第 4 版
  隨機的 UUID，比較不容易產生碰撞之外，也是目前產生 UUID 字串較
  為主流的方式。

- 最後發送上傳檔案之請求，發送完之後，將回應的內容以「var_dump」
  之函式印出，這裡會印出的是 JSON 字串，接著再使用「json_decode」

函式將回應的 JSON 字串進行解碼並轉成關聯式陣列。完成好上述的程式碼之後，先使用下面的方法分別將「OOPPHP.pdf」的檔案以及「lab4-1-1.php」檔案複製到運行的容器中。相關指令如下：

```
01   docker cp lab4-1-1.php php_crawler:/root/
02   docker cp OOPPHP.pdf php_crawler:/root/
```

接著再執行以下的指令將在容器中的「lab4-1-1.php」檔案：

```
01   docker exec php_crawler php lab4-1-1.php
```

執行完成之後，如果產生如下類似的結果，那就代表目前的檔案已經上傳成功了：

```
01   string(153) "{"Hash":"0678afd2-1d83-4322-9ebe-812e7dacfd58","FileName":
     "56b873f4-8b86-4e79-830c-8e911919f302OOPPHP.pdf","Size":0,"ResultCode":"00
     ","Message":" 成功 "}"
02   array(5) {
03   ["Hash"]=>
04   string(36) "0678afd2-1d83-4322-9ebe-812e7dacfd58"
05   ["FileName"]=>
06   string(46) "56b873f4-8b86-4e79-830c-8e911919f302OOPPHP.pdf"
07   ["Size"]=>
08   int(0)
09   ["ResultCode"]=>
10   string(2) "00"
11   ["Message"]=>
12   string(6) " 成功 "
13   }
```

完成好上傳本地端檔案的請求之後，接著要將上傳到超商雲端上的檔案產生出對應的二維條碼（QRCode）並可以在超商的機台上進行列印的操作。按照之前的做法，先使用讀者所偏好的程式編輯器並打開「lab4-1-1.php」，接著將下面的程式碼加進去：

```
01    echo 'Letting uploaded file generate the QRCode and send information to the
      user email...', "\n";
02
03    $userName = 'Peter';
04    $email = 'peter279k@gmail.com';
05    $ibonFileUploadUrl = 'https://printadmin.ibon.com.tw/IbonUpload/IbonUpload/
      IbonFileUpload';
06    $formParams = [
07        'form_params' => [
08            'hash' => $fileUuid,
09            'user' => $userName,
10            'email' => $email,
11        ],
12    ];
13    $response = $client->request('POST', $ibonFileUploadUrl, $formParams);
14
15    $responseStr = (string)$response->getBody();
16    var_dump($responseStr);
17
18    $responseJson = json_decode((string)$response->getBody(), true);
19    var_dump($responseJson);
```

把上述的兩個程式碼合在一起，就會變成如下的程式碼了：

```
01    <?php
02
03    require_once __DIR__ . '/vendor/autoload.php';
04
05    use GuzzleHttp\Client;
06    use Ramsey\Uuid\Uuid;
07
08    $ibonPrintAdminUrl = 'https://printadmin.ibon.com.tw/IbonUpload/IbonUpload/
      LocalFileUpload';
09
10    $client = new Client(['cookie' => true]);
11    $fileUuid = (string)Uuid::uuid4();
12    $formParams = [
13        'multipart' => [
14            [
15                'name' => 'file',
16                'contents' => fopen('./OOPPHP.pdf', 'r'),
```

```
17              'headers' => [
18                  'Content-Type' => 'application/pdf',
19              ],
20          ],
21          [
22              'name' => 'fileName',
23              'contents' => 'OOPPHP.pdf',
24          ],
25          [
26              'name' => 'hash',
27              'contents' => $fileUuid,
28          ],
29      ],
30  ];
31  $response = $client->request('POST', $ibonPrintAdminUrl, $formParams);
32
33  $responseStr = (string)$response->getBody();
34  var_dump($responseStr);
35
36  $responseJson = json_decode((string)$response->getBody(), true);
37  var_dump($responseJson);
38
39  echo 'Letting uploaded file generate the QRCode and send information to the
    user email...', "\n";
40
41  $userName = 'Peter';
42  $email = 'peter279k@gmail.com';
43  $ibonFileUploadUrl = 'https://printadmin.ibon.com.tw/IbonUpload/IbonUpload/
    IbonFileUpload';
44  $formParams = [
45      'form_params' => [
46          'hash' => $fileUuid,
47          'user' => $userName,
48          'email' => $email,
49      ],
50  ];
51  $response = $client->request('POST', $ibonFileUploadUrl, $formParams);
52
53  $responseStr = (string)$response->getBody();
54  var_dump($responseStr);
55
```

```
56  $responseJson = json_decode((string)$response->getBody(), true);
57  var_dump($responseJson);
58  $qrCode = $responseJson['FileQrcode'];
59  file_put_contents('qrcode.png', base64_decode($qrCode));
```

接著執行上面的整併過的程式碼，若是得到下面的結果，則代表超商雲端列印網站上傳檔案機器人實做成功了：

```
01  string(153) "{"Hash":"1ba0b64e-4eb1-430d-a32a-a5bed3c61d71","FileName":
    "25176bf0-916c-4d17-9851-ca3662d5269400PPHP.pdf","Size":0,"ResultCode":"00
    ","Message":" 成功 "}"
02  array(5) {
03    ["Hash"]=>
04    string(36) "1ba0b64e-4eb1-430d-a32a-a5bed3c61d71"
05    ["FileName"]=>
06    string(46) "25176bf0-916c-4d17-9851-ca3662d5269400PPHP.pdf"
07    ["Size"]=>
08    int(0)
09    ["ResultCode"]=>
10    string(2) "00"
11    ["Message"]=>
12    string(6) " 成功 "
13  }
14  Letting uploaded file generate the QRCode and send information to the user
    email...
15  string(2179) "{"Pincode":"3264844200","DeadLine":"2020/12/06 16:48:44","Fi
    leQrcode":"iVBORw0KGgoAAAANSUhEUgAAAJYAAACWCAIAAACzY+a1AAAAAXNSR0IArs4c6
    QAAAARnQU1BAACxjwv8YQUAAAAJcEhZcwAADsMAAA7DAcdvqGQAAAWMSURBVHhe7ZvRcishD
    EP7/z+dO7nJtElnyyJLxKE9fS3YoGMZ2E4/LvxsrsrsDH5utn+RcQbl8EIATh9gpsvwFcCMLtFh
    h+A7gQhNsrsP0GCEIt1dg+w3gQhBur8D2G+BCEG6vwPYb4EIQbq/A9hvgQhBur8D2G+BCEG6vwP
    2Cmy/AVwIwsvl41U/Y7G/reLb4PEapcHB7UbKJ+DC5It1dg+w3gQhBur8D2G+BCEG6vwPbb4AOH
    2Cmy/AVwIwsvl41U/Y7G/reLb4PEapcHB7UbKJ+DC4JYkoce6S1SkwcH9gvBJAVxyL4hqVeLC
    AgYa6bVsaKRP5inU0U9Txr3R0d25GTkblHY0mSjvwsnEM8OkDUv9HITCPWIGFS60VHIm3+ZKX
    pHSSZFxoaQtLizKJRXlZI7lZ6Fjjpc99YJfCaQ1T0I60bn9KNKipZefE1m6r4Jw9KjAhY/1Q
    SMdncHrLCsZWlqG3wKv10k/irRoGumjAr74eyN0DjDnab/uaKgR3diFILy/y2vk54/ol9Ws1
    M9xofC0B+F8udfsRCM90E0ydPCC9tcRBo9GEAqvN0ksqUidyNJcXCh82QHhoQK/5yykkUol/
    o43UhCuQliP2/fH5BUfo+/P8OfQjjifc5c3UmeVXVJ25a1pBcIrL6kJ14TGhQdCr5MSFzraChc
    lJ4308nMSvcDf+UYqfRSVBktyOJCkVTmDI8U8BwvOz0IEkfbupEQUhCPv+RTTYKsctGhfGFOAsX
    PWNtNbB/VnSMSMN9tf2ygiBs/CVy33MJVGRBnftqJYXhOGPBjUMziwQgtCpH2+u1Bulwd66Xj
    074ELpxtl1fZdeIM43UmduDT4Ir7oFPQpCydL1wVIzkMwBwjoVaSYIR38SkpqSpHtwMAhHrUX
    qJA5vqb9Jg6UtjCNLG5QW+Tk4cJ2RPl065R9UVtK9puxtFghHHdtRFoQ00tn6wYW48LxWAmeh
```

```
VGjrBp/v9WGEc6y+yRaS1511W5Iig1BSQHgXBq+gjnWca/N7bgEXPtWDVL9Sb5AGS8sAIQinr
wbB7ic1QyevNFf67Ffz2ckr1g863rAkh7SYdXmlNYNQoiY8EyUMkr+l242zjElp8u9CR47JRd
+G4cK7DpJqh4PXSXlyBjwnDpaOZJ0/10iD6jjMnLKTmG35qJCOCslnju4SbymRQ9RvgdcDxY/
ibBiEAf0DIZQziUb6qIAvPi686+m02d/QSCOlVAgS1E46CyTehX2pUwJnoZoyNR6EsXdhCokaB
4Qg/KoZGqnqn8x4XBhzoSOlNFf6aCB9Flm3jEy1DqMErjPS/p3BIDxECcKrLFJhSZWEC5+OlbS
jkQrVI5WwMxiEL2qkAvyzodJd3ymON0l0psfx7/NnYW0dx/VlfEB3iAbtLvXzmnQgPBAZhLViO
pj1Jv3NMTQuXHUjlZT96wil/Y87mNTfgqHGzUDqOcFQn3mXn4UgfGQMwqeKd5qhZOig7sFQuFC
ohqDuwVAgBOGDAsGrv3QHkZqhc+lwrOPMnVzzxtcZEN4UAOH5JwXHSc5cXDj6LDBWR7rrSqEmq
UjDcCEuFP/PTypw6aIkXYWc/rZuVZL5fuGjAoS1Cvh/I8r9VS+IQVqVtHknsuP+nxa58VnYJWV
XXhCOPsfgwvr13bmRO26Q8q5LJJVOmwudVTraOadO8NrsbH9y7vKzcHIdh8NAOKMeCN2nvWP3G
UKnY0AIQvEfEsbHjHMISW5Y16KdyKeGOz5uatMeZzlUpLnjhz8I6yglDM5gEOLCLwWcdrdubs1
G+euM4zPOwgLFAMJCVqYEFQBhUMyeUCDs0T2YFYRBMXtCgbBH92BWEAbF7AkFwh7dgl1BGBSzJ
xQIe3QPZgVhUMyeUCDs0T2YFYRBMXtCgbBH92BWEAbF7AkFwh7dgl1BGBSzJxQIe3QPZgVhUMy
eUCDs0T2YFYRBMXtCgbBH92BWEAbF7AkFwh7dgln/AXT++6vJGse1AAAAAElFTkSuQmCC","Fi
leDate":"2020/12/03 16:48:44","ResultCode":"00","Message":" 成功 "}"
16  array(6) {
17    ["Pincode"]=>
18    string(10) "3264844200"
19    ["DeadLine"]=>
20    string(19) "2020/12/06 16:48:44"
21    ["FileQrcode"]=>
22    string(2036)  "iVBORw0KGgoAAAANSUhEUgAAAJYAAACWCAIAAACzY+a1AAAAAXNSR0IArs4c6Q
23  AAAARnQU1BAACxjwv8YQUAAAAJcEhZcwAADsMAAA7DAcdvqGQAAAWMSURBVHhe7ZvRcishD
    EP7/z+dO7nJtElnyyJLxKE9fS3YoGMZ2E4/LvxsrsDH5utn+RcQbl8EIATh9gpsvwFFtFdh
    +A7gQhNsrsP0GcAEIt1dg+w3gAhBur8D2G8AFINxege03gAtAuL0C2/+A3gQhNsrsP0GcAEI
24  w3gQhBur8D2G8BCFINxege03gAtBuL0C228AF4JwewW23wAuBOH2Cmy/AVwAwu0V2H4DuBOH
    b4PEapcHB7UbKJ/DC4JYkoce6S1SkwcH9gvBJAVxYL4hgVeLCAgYa6bVsaKRP5inU0U9Txr3
25  R0d25GTkblHY0mSjvwsnEM8OkDUv9HITCPWIGFS60VHIm3+ZKXpHSSZFxoaQtLizKJRXlZI71lZ6
26  Fjjpc99YJfCaQ1T0I60bn9KNKipZefE1m6r4Jw9KjAhY/1QSMdncHrLCsZWlqG3wKv10k/
    irRoGumjAr74eyN0DjDnab/uaKgR3diFILy/y2vk54/ol9Ws1M9xofC0B+F8udfsRCM90E0ydP
    CC9tcRBo9GEAqvN0ksqUidyNJcXCh82QHhoQK/5yykkUol/o43UhCuQ1iP2/fH5BUfo+/P8OfQ
    jjifc5c3UmeVXVJ25a1pBcIrL6kJ14TGhQdCr5MSFzraChcInJ430nMSvDf+
27  UYqfRSVBktyOJCkVTmDI8UBwvYz0IEkfbupEQUhCPv+RTTTYKsctGhfGFOAsXPWNtNbB/
    VnSMSMMN9tf2ygiBs/CVy33MJVGRBnftqJYXhOGPBjUMziwQgtCpH2+
28  u1Bulwd66Xj074ELpxtl1fZdeIM43UmduDT4Ir7oFPQpCydL1wVIzkMwBwjoVaSYIR38SkpqSpHtw
29  MAhHrUXqJA5vqb9Jg6UtjCNLG5QW+Tk4cJ2RP1065R9UVtK9puxtFghHHdtRFoQ00tn6wYW48Lx
30  WAmehVGjrBp/v9WGEc6y+yRaS1511W5Iig1BSQHgXBq+gjnWca/N7bgEXPtWDVL9Sb5AGS8sAI
    QinrwbB7ic1QyevNFf67Ffz2ckr1g863rAkh7SYdXmlNYNQoiY8EyUMkr+
31  l242zjElp8u9CR47JRd+G4cK7DpJqh4PXSXlyBjwnDpaOZJ0/10iD6jjMnLKTmG35qJCOCslnj
    u4SbymRQ9Rvgdc
32  DxY/ibBiEAf0DIZQziUb6qIAvPi686+m02d/QSCOlVAgS1E46CyTehX2pUwJnoZoyNR6EsXdhC
```

```
     okaB4Qg/KoZGqnqn8x4XBhzoSOlNFf6aCB9Flm3jEy1DqMErjPS/p3BIDxECcKrLFJhSZWEC5+
     0lbSjkQrVI5WwMxiEL2qkAvyzodJd3ymON0l0psfx7/NnYW0dx/VlfEB3iAbtLvXzmnQgPBAZh
     LViOpj1Jv3NMTQuXHUjlZT96wil/Y87mNTfgqHGzUDqOcFQn3mXn4UgfGQMwqeKd5qhZOig7sF
     QuFCohqDuwVAgBOGDAsGrv3QHkZqhc+
33   lwrOPMnVzzxtcZEN4UAOH5JwXHSc5cXDj6LDBWR7rrSqEmqUjDcCEuFP/PTypw6aIkXYWc/
     rZuVZL5fuGjAoS1Cvh/I8r9VS+IQVqVtHknsuP+nxa58VnYJWVXXhCOPsfgwvr13bmRO26Q8q5
     LJJVOmwudVTraOadO8NrsbH9y7vKzc
34   HIdh8NAOKMeCN2nvWP3GUKnY0AIQvEfEsbHjHMISW5Y16KdyKeGOz5uatMeZzlUpLnjhz8I6yg
     lDM5gEOLCLw
35   Wcdrdubs1G+euM4zPOwgLFAMJCVqYEFQBhUMyeUCDs0T2YFYRBMXtCgbBH92BWEAbF7AkF
36   wh7dg1lBGBSzJxQIe3QPZgVhUMyeUCDs0T2YFYRBMXtCgbBH92BWEAbF7AkFwh7dg1lBGBSzJx
     QIe3QPZg
37   VhUMyeUCDs0T2YFYRBMXtCgbBH92BWEAbF7AkFwh7dg1n/AXT++6vJGse1AAAAAElFTkSuQmCC"
38     ["FileDate"]=>
39     string(19) "2020/12/03 16:48:44"
40     ["ResultCode"]=>
41     string(2) "00"
42     ["Message"]=>
43     string(6) "成功"
44   }
```

在上述輸出內容中有一個「FileQrcode」之鍵值所對應的字串長度非常的長，這是一個 QRCode 的字串，且是利用 base64 進行編碼過後的字串，若要將此 QRCode 轉成圖檔，則可以使用上述的「lab4-1-1.php」之最後一行程式碼做到：

```
01   file_put_contents('qrcode.png', base64_decode($qrCode));
```

上述的程式碼功用為，假設 $qrCode 變數為上面回應內中之「FileQrcode」鍵值所對應的 QRCode 以 base64 所編碼的字串，因此需使用 PHP 內建之「base64_decode」函式進行解碼之後，會得到一串二進位的 binary 字串，接著利用「file_put_contents」函式把 binary 字串存成名為「qrcode.png」的 PNG 圖形檔案了。為了驗證這個圖檔是一個 PNG 的圖檔，可以使用「file」指令來進行驗證，驗證的相關指令如下：

```
01   docker exec php_crawler file -i ./qrcode.png
```

接著就可以看到下面輸出此 PNG 圖檔的內容了：

```
01   ./qrcode.png: image/png; charset=binary
```

可以將此 QRCode 之字串產生出圖檔之後，拿去超商機台掃描就可以顯示出
對應的檔案了；而「Pincode」之鍵值為到超商機台操作時所輸入的取件代
碼，至超商的機台也可以直接輸入取件代碼，同樣可以顯示出對應的檔案。
而「DeadLine」鍵值所對應的日期為這個上傳的檔案在超商雲端列印網站上
到期的時間；「FileDate」鍵值所對應的則是此上傳檔案在超商雲端列印網站
系統上所建立的時間同時，也會在看到上述列出回應內容的時候，信箱裡會
收到上傳到超商雲端列印網站的相關檔案資訊的信件了，相關截圖如下：

▲ 圖 42：超商雲端列印網站上傳檔案成功後寄發之信件

在下一篇章節中，筆者將會帶領讀者再去分析另一個超商雲端列印網站上傳
檔案之方法。

參考資料

- QRCode
  - https://zh.wikipedia.org/zh-tw/QR%E7%A2%BC

- base64 編碼與解碼相關函式與說明
  - https://www.php.net/manual/en/function.base64-encode.php
  - https://www.php.net/manual/en/function.base64-decode.php
  - https://zh.wikipedia.org/wiki/Base64

- PDF 檔案
  - https://zh.wikipedia.org/wiki/%5%8F%AF%E7%A7%BB%E6%A4%8D%E6%96%87%E6%A1%A3%E6%A0%BCE5%BC%8F

- PNG 圖檔
  - https://zh.wikipedia.org/wiki/PNG

超商雲端列印網站上傳檔案之分析方法 -part2

首先，這是案例研究 4-1 之第二家超商之雲端列印網站，首先，利用 Google Chrome 瀏覽器，接著輸入：https://www.famipot.com.tw/Web_Famiport/page/cloudprint.aspx 網址後，進到下列網站之後，可以看到如下的頁面截圖：

▲ 圖 43：第二間超商雲端列印網站首頁

從上述的截圖中可以看到，上傳列印的文件分成幾個欄位，分別是：

- 「Email」欄位，需要填入使用者信箱，看起來是當上傳文件成功之後，會將相關的上傳文件資訊寄送到使用者填入的信箱中。

- 接著是選擇檔案按鈕部分，這邊就是讓使用者選擇要上傳到超商雲端列印網站中。

- 填好收信的信箱與選擇好要上傳的檔案之後，記得勾選「我同意上述內容」的檢查盒（check box），並按下「確定上傳」的按鈕。

在按下「確定上傳」按鈕之前，可以先將 Google Chrome 瀏覽器中按下「F12」按鍵將網頁開發者模式開啟，其相關頁面截圖如下：

▲ 圖 44：第二間超商雲端列印網站首頁上啟動開發者模式

接著按下「確定上傳」按鈕之後，則會得到下面的頁面：

▲ 圖 45：第二間超商雲端列印網站首頁上傳檔案成功之提示訊息

按下「確認」按鈕之後，則會自動跳轉到下面的頁面：

▲ 圖 46：第二間超商雲端列印網站首頁上傳檔案成功後跳轉的頁面

接著去收信時候，則會多出類似如下截圖的信件，則代表上傳檔案到超商的
雲端列印網站已經成功了：

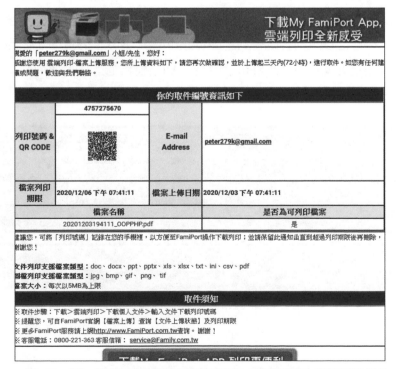

▲ 圖 47：第二間超商雲端列印網站首頁上傳檔案成功後收到的信件

而在網頁開發者模式中，什麼相關的 AJAX 請求都沒有，因此筆者研判，此上傳檔案的頁面應為使用表單並設定「submit」方式將頁面進行刷新之後，跳轉到上面的成功狀態頁面，為了驗證此想法是對的，因此回到一頁，也就是選擇檔案、填寫信箱與可以按下「確定上傳」按鈕頁面上來檢查元素，可以發現到，此「確定上傳」按鈕為「submit」之形式：

```
01   <input type="submit" name="ctl00$ContentPlaceHolder1$btnSave" value="確定上
02   傳" id="ctl00_ContentPlaceHolder1_btnSave" class="btn btn-primary">
```

接著再看到 form 標籤裡面的屬性值如下：

```
01   <form name="aspnetForm" method="post" action="cloudprint.aspx" id=
02   "aspnetForm" enctype="multipart/form-data">
```

從上面節錄的 form 標籤內容可以得知，發送此頁面用 HTTP POST 方法以及發送到當前這個 cloudprint.aspx 網址，並使用「multipart/form-data」的內容格式進行發送，發送完成後，會跳轉到有「確認按鈕」的頁面，接著按下「確認」按鈕之後，則會跳轉到「cloudprint_ok.aspx」的頁面了。另外也可以在網頁開發者模式中將「XHR」改為「All」並再把上述上傳列印檔案動作再操作一遍，就可以得到如下面截圖的內容了：

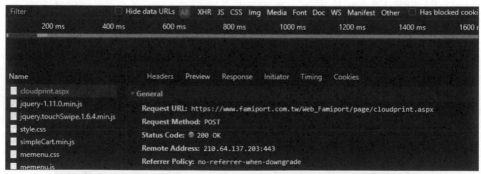

▲ 圖 48：第二間超商雲端列印網站首頁上傳檔案時的請求

接著再把整個表單的相關參數看完一遍之後，頁面還包含了像是「__VIEWSTATEGENERATOR」、「__EVENTVALIDATION」以及「__VIEWSTATE」等相關隱藏於此上傳列印表單之中的參數，相信到這裡，讀者就會想到，案例研究 2-1 了吧？在案例研究 2-1 中，學校的選課系統也是有類似的隱藏表單參數，因此這個雲端超商列印也是使用 ASP.NET 的框架進行開發而成的，而總結一下這個上傳列印檔案的表單頁面，可以得到實做此雲端超商列印網站上傳檔案機器人的步驟：

- 先進入此上傳列印檔案的網站。
- 接著解析此頁面檔案的 HTML 檔案，並解出相關必備的表單參數。
- 組出請求的表單參數，相關表單參數如下：
  - 「__VIEWSTATEGENERATOR」為 ASP.NET 用於表單的隱藏欄位。
  - 「__EVENTVALIDATION」為 ASP.NET 用於表單的隱藏欄位。
  - 「__VIEWSTATE」為 ASP.NET 用於表單的隱藏欄位。
  - 「Email」之信箱欄位。
  - 「上傳檔案」之欄位。
  - 「我同意上述內容」之欄位。
  - 「確定上傳」按鈕之欄位。
- 接著將上述的表單參數組合好之後，再利用 HTTP POST 方法發送請求，接著就會上傳檔案成功了。

在下一章節，筆者將會帶著讀者將上面的步驟一步步的實做，並將此超商的雲端列印網站上傳檔案機器人實做出來。

實做超商雲端列印網站上傳檔案機器人 -part2

首先，依序執行下列的指令，先將名為 php_crawler 容器停止與刪除，接著將運行爬蟲的環境容器，並將此容器跑在背景，將此容器取名叫做「php_crawler」：

```
01  docker stop php_crawler; docker rm php_crawler
02  docker run --name=php_crawler -d -it php_crawler bash
```

接著可以打開讀者自己所偏好的 PHP 程式開發編輯器並建立一個名為「lab4-1-2.php」的檔案，並將下列程式碼放到此 PHP 檔案中，其內容如下：

```php
01  <?php
02
03  require_once __DIR__ . '/vendor/autoload.php';
04
05  use GuzzleHttp\Client;
06  use Symfony\Component\DomCrawler\Crawler;
07
08  $familyPortPrintUrl = 'https://www.famiport.com.tw/Web_Famiport/page/
    cloudprint.aspx';
09  $client = new Client(['cookie' => true]);
10
11  $response = $client->request('GET', $familyPortPrintUrl);
12  $responseHtml = (string)$response->getBody();
13  $crawler = new Crawler($responseHtml);
14  $viewState = '__VIEWSTATE';
15  $eventValidation = '__EVENTVALIDATION';
16  $viewStateGenerator = '__VIEWSTATEGENERATOR';
17
18  $crawler
19      ->filter('input[type="hidden"]')
20      ->reduce(function (Crawler $node, $i) {
21          global $viewState;
22          global $eventValidation;
23          global $viewStateGenerator;
24
```

```
25        if ($node->attr('name') === $viewState) {
26            $viewState = $node->attr('value');
27        }
28        if ($node->attr('name') === $eventValidation) {
29            $eventValidation = $node->attr('value');
30        }
31        if ($node->attr('name') === $viewStateGenerator) {
32            $viewStateGenerator = $node->attr('value');
33        }
34    });
35
36  $email = 'peter279k@gmail.com';
37  $formParams = [
38      'multipart' => [
39          [
40              'name' => '__VIEWSTATEGENERATOR',
41              'contents' => $viewStateGenerator,
42          ],
43          [
44              'name' => '__EVENTVALIDATION',
45              'contents' => $eventValidation,
46          ],
47          [
48              'name' => '__VIEWSTATE',
49              'contents' => $viewState,
50          ],
51          [
52              'name' => 'ctl00$ContentPlaceHolder1$FileLoad',
53              'contents' => fopen('./OOPPHP.pdf', 'r'),
54              'headers' => [
55                  'Content-Type' => 'application/pdf',
56              ],
57          ],
58          [
59              'name' => 'ctl00$ContentPlaceHolder1$CKbox',
60              'contents' => true,
61          ],
62          [
63              'name' => 'ctl00$ContentPlaceHolder1$txtEmail',
64              'contents' => $email,
65          ],
```

```
66          [
67              'name' => 'ctl00$ContentPlaceHolder1$btnSave',
68              'contents' => '',
69          ],
70      ],
71  ];
72
73  $response = $client->request('POST', $familyPortPrintUrl, $formParams);
74
75  var_dump((string)$response->getBody());
```

上述程式碼說明為：

- 首先先建立一個 GuzzleHttp\Client 的類別，接著，利用 HTTP GET 方法進行此超商雲端列印網站之請求，並拿到回應的網頁內容。

- 接著利用 Symfony\Component\DomCrawler\Crawler 之類別將 3 個 ASP.NET 會產生的隱藏表單參數給截取出來。

- 接著組出符合 multipart 格式之表單關聯陣列，除了包含上述解出來的 3 個隱藏變數之外，還有要上傳的檔案、信箱、「我同意上述內容」按鈕以及確定上傳等 3 個欄位，並共計有 7 個欄位

- 其中上傳的檔案欄位內容與前一個超商雲端列印網站上傳檔案機器人一樣，需要給定檔案此選擇檔案欄位的名稱之外，要利用「fopen」函式將要上傳的檔案開啟並以「resource」型別放到「contents」鍵值中，並設定「headers」鍵值為「application/pdf」。

- 組好表單參數之後，接著就再次使用 $client 變數發送一個 HTTP POST 請求之後，就會拿到如下的回應的內容了，其內容為 1 個 HTML 網頁，因為網頁內容過長的關係，因此將相關的內容進行了擷取，相關的內容如下：

```
01  string(33943) "<meta property='og:image' content='http://www.famiport.com.
    tw/Web_Famiport/ImageShow.ashx?ID=0' />
02
```

```
03   ......
04   <script type="text/javascript">
05   //<![CDATA[
06   reset();alertify.alert('檔案上傳成功！', function() {location.href =
     'cloudprint_ok.aspx';});//]]>
07   </script>
08   </form>
09   </body>
10   </html>
11   "
```

從上面的部分節錄頁面內容可以得知，超商雲端上傳檔案機器人已經發送檔案成功了，讀者可能也會注意到在第 6 行之部分：

```
06   reset();alertify.alert('檔案上傳成功！', function() {location.href =
     'cloudprint_ok.aspx';});//]]>
```

上面這行代表的其實就是在上傳檔案頁面按下「確定上傳」按鈕並成功上傳檔案後，就會跳轉到此頁面了。這也是為什麼會彈跳出一個「檔案上傳成功！」的視窗並再按下確定之後就會跳到「cloudprint_ok.aspx」網址的原因了。

到這裡，本章節有關於超商雲端列印網站上傳檔案機器人實做就已經結束了，而有關於初階的網路爬蟲與機器人的概念，到這裡也就全部結束了，在下一章節中，筆者將會帶著讀者，探討如何將前幾個章節中的案例研究與其他的服務進行整合。

07

案例整合

經歷了前六個章節有關於網路爬蟲與機器人實做與分析之後，相信各位讀者對於使用 PHP 開發網站爬蟲與擷取網頁內容程式實做有一定的基礎與了解了。

本章節中，筆者會帶領讀者了解何謂案例整合章節，以利將案例研究可以變成有用的服務。

案例研究整合構想與介紹

什麼是案例整合？意思是將先前的其中三個網路爬蟲個別做延伸的應用。而這三個網路爬蟲與網頁內容擷取程式分別是：

- 學校新聞網站內容擷取與學校 RSS 消息擷取。
- 學校選課系統之課程查詢網站。
- 證券網站之收盤價檔案下載。

有什麼樣的案例與其他服務可以整合？不妨先假設下面的一個情況：我們已經有學校新聞網站爬蟲了，執行完成程式之後，可以拿到指定的網站分類中最新的消息內容與相關的消息發佈連結，那我們要拿到每日最新的指定分類中最新的消息呢？總不能每天某個時段自己執行這個爬蟲吧？接著再換個角度想，可以考慮的是：「排程」。在作業系統上，當我們想要讓某個工作可以幫我們在某個指定時段工作時，我們就可以設定排程，讓工作排程可以自動在我們指定的時間執行網站爬蟲與擷取網頁內容的工作，藉由整合排程工作，除了可以擴充上述的網路爬蟲功能外，同時也可以開放訂閱服務，讓一些讀取最新消息讀者可以訂閱這個電子報訊息，在某個時段，可能是每日，每個禮拜或是每季。寄送電子報訊息給訂閱學校最新消息給讀者，至於學校選課系統之課程查詢網站可以轉變成「API」或是訂閱電子報的服務，筆者在這篇章節著重在於訂閱電子報服務的設計，讓一般使用者可以透過訂閱的方式，證券網站之收盤價檔案，與學校新聞網站同樣，因為網站後端的緣故，只會顯示出最新收盤價日期的前五天收盤價檔案而已，並不能拿到更久之前的歷史收盤價資料。為了解決上述的問題，當然也可以結合排程，將每次的收盤價都記下來，這樣就會有每日的收盤價資料了，當然，也可以開放訂閱服務，讓一般使用者可以透過電子報訂閱，取得每日收盤價的檔案。總結一下上述章節，就是在這章節中，後續會實做與介紹的案例整合的內容，因為章節篇幅的有限，介紹的案例整合的範例會著重在整合排程的工作上面，因此筆者會著重在下列幾個案例整合上面：

- 學校消息網站爬蟲之排程工作整合。
- 學校消息網站爬蟲之寄信通知整合。
- 課程查詢網站爬蟲之排程工作整合。
- 課程查詢網站爬蟲之寄信通知整合。
- 證券網站之收盤價檔案的排程工作整合。
- 證券網站之收盤價檔案的寄信通知整合。

案例研究整合之用到服務介紹

在前一章節中，筆者介紹了案例整合爬蟲服務的構想之後，今日要介紹的是，在之後的案例整合範例中，會需要用的相關服務介紹。相關的服務列表如下：

- Gandi Domain SMTP server
- 工作排程
- Mailjet
- Mailgun
- SendGrid
- Sendinblue

上述相關的服務逐一的在下列列表介紹：

- Gandi Domain SMTP server 服務指的是，凡是有在 Gandi 上面有註冊網域的，都會提供一個此網域對應到一個信箱，而這個信箱同時也有附加 SMTP 的寄信功能，可以幫助我們使用這個網域來發送相關的信件，相關更多有關於 SMTP 之應用層協定的解釋與 Gandi 相關的參考連結，筆者將會放到此章節最後面的參考資料中。

- 工作排程，指的是在作業系統上之排程檔案設定，作業系統則可以透過排程工作檔的設定在我們指定的固定時間做例行的工作，上述的這個行為和過程就可以稱為：「排程」，相關的參考文章，筆者將會放到本章節最後面的參考資料中；同時筆者將會使用工作排程來做為案例整合的範例。

- Mailgun，則是一個第三方送信的服務，可以透過它們服務本身的送信平台，利用此平台提供的 API 進行呼叫，即可達到送信的目的。當然也支援利用 SMTP 的服務進行發信的任務，而後面的相關送信服務還有「Mailjet」、「SendGrid」以及「Sendinblue」都是與 Mailjet 類似的服務，上述這些所提到的寄信服務相關的參考連結，筆者將會放到參考資料中，在案例整合章節中，筆者將會使用「Mailgun」寄信服務做為案例整合之範例。

參考資料

- SMTP 協定相關介紹
  - https://en.wikipedia.org/wiki/Simple_Mail_Transfer_Protocol
  - https://whatis.techtarget.com/definition/SMTP-Simple-Mail-Transfer-Protocol
  - https://www.geeksforgeeks.org/simple-mail-transfer-protocol-smtp

- Gandi Domain SMTP server 介紹
  - https://docs.gandi.net/zh-hant/gandimail

- Mailjet 官網與開發者文件
  - https://www.mailjet.com
  - https://dev.mailjet.com/email/reference/overview

- Mailgun 官網與開發者文件
  - https://www.mailgun.com
  - https://documentation.mailgun.com/en/latest/api_reference.html

- SendGrid 官網與開發者文件
  - https://sendgrid.com
  - https://sendgrid.com/docs/for-developers

- Sendinblue 官網與開發者文件
  - https://www.sendinblue.com
  - https://developers.sendinblue.com/docs

學校消息網站爬蟲之排程工作整合

在本章節中之重點提示如下：

■ 在 Linux 之 Ubuntu 作業系統上的排程工作的設定與相關做法。

■ 使用案例研究 1-1 之學校網站最新消息進行排程工作整合。

首先，筆者先介紹在 Linux 之 Ubuntu 作業系統上的工作排程，在以 Linux
為基礎的作業系統上，有一個工作排程套件叫做「Cron」，如果在 Ubuntu 作
業系統上還沒有安裝的話，可以先使用下例的指令來進行安裝：

```
01   sudo apt-get update
02   sudo apt-get install cron
```

上述的指令動作為，假設使用者已經有 sudo 權限可以使用，並先將 Ubuntu
的鏡像來源進行更新，更新完成之後，將名為 cron 之套件給安裝起來，安裝
完成之後，再使用下列的指令可以檢查排程工作服務在作業系統下目前的狀
態，而 --no-page 參數則為顯示目前此服務狀態訊息的時候，把所有訊息一
次印出來，不要將訊息以管線的方式輸出。

```
01   sudo systemctl status cron --no-pager
```

如果輸出以下的訊息的時候，則代表工作排程 Cron 服務已經成功的在
Ubuntu 作業系統之背景服務順利的運行：

```
01   ● cron.service - Regular background program processing daemon
02      Loaded: loaded (/lib/systemd/system/cron.service; enabled; vendor
   preset: enabled)
03      Active: active (running) since Tue 2020-12-01 03:04:13 UTC; 3 days ago
04        Docs: man:cron(8)
05    Main PID: 1730 (cron)
06       Tasks: 1 (limit: 4436)
07      CGroup: /system.slice/cron.service
08              └─1730 /usr/sbin/cron -f
```

```
09
10   Dec 04 04:17:01 ubuntu-control-node CRON[21715]: pam_unix(cron:session):
     session opened for user root by (uid=0)
11   Dec 04 04:17:01 ubuntu-control-node CRON[21716]: (root) CMD (   cd / &&
     run-parts --report /etc/cron.hourly)
12   Dec 04 04:17:01 ubuntu-control-node CRON[21715]: pam_unix(cron:session):
     session closed for user root
13   Dec 04 05:17:01 ubuntu-control-node CRON[21748]: pam_unix(cron:session):
     session opened for user root by (uid=0)
14   Dec 04 05:17:01 ubuntu-control-node CRON[21748]: pam_unix(cron:session):
     session closed for user root
15   Dec 04 06:17:01 ubuntu-control-node CRON[21779]: pam_unix(cron:session):
     session opened for user root by (uid=0)
16   Dec 04 06:17:01 ubuntu-control-node CRON[21779]: pam_unix(cron:session):
     session closed for user root
17   Dec 04 06:25:01 ubuntu-control-node CRON[21786]: pam_unix(cron:session):
     session opened for user root by (uid=0)
18   Dec 04 06:25:01 ubuntu-control-node CRON[21787]: (root) CMD (test -x /usr/
     sbin/anacron || ( cd / && run-parts…aily ))
19   Dec 04 06:25:02 ubuntu-control-node CRON[21786]: pam_unix(cron:session):
     session closed for user root
20   Hint: Some lines were ellipsized, use -l to show in full.
```

完成好 Cron 服務建置之後，接下來啟動爬蟲開發環境，相關指令如下：

```
01   docker stop php_crawler; docker rm php_crawler
02   docker run --name=php_crawler -d -it php_crawler bash
```

接著要編輯一個工作排程的設定檔，用來將此設定檔來告訴 Cron 服務說明要在固定時間上所執行的排程工作，相關的生工作排程檔案如下：

```
01   sudo crontab -e
```

上面指令指的是，利用 sudo 來暫時取得 root 使用者的權限，並利用 crontab 指令開啟位在 /var/spool/cron/crontabs/root 的檔案，那如果是直接使用 sudo vim 等指令來直接編輯上述檔案的話，需要將 Cron 服務重新啟動之後才會生效，那透過 crontab 專屬指令則不需要。執行指令之後，則會得到下列的圖片：

```
# Edit this file to introduce tasks to be run by cron.
#
# Each task to run has to be defined through a single line
# indicating with different fields when the task will be run
# and what command to run for the task
#
# To define the time you can provide concrete values for
# minute (m), hour (h), day of month (dom), month (mon),
# and day of week (dow) or use '*' in these fields (for 'any').#
# Notice that tasks will be started based on the cron's system
# daemon's notion of time and timezones.
#
# Output of the crontab jobs (including errors) is sent through
# email to the user the crontab file belongs to (unless redirected).
#
# For example, you can run a backup of all your user accounts
# at 5 a.m every week with:
# 0 5 * * 1 tar -zcf /var/backups/home.tgz /home/
#
# For more information see the manual pages of crontab(5) and cron(8)
#
# m h  dom mon dow   command
"/tmp/crontab.soPtkk/crontab" 22L, 888C
```

▲ 圖 49：工作排程清單設定檔

　　若是第一次執行此指令的時候，則會出現下列的圖示來詢問開啟排程工作設定檔要用哪個編輯器開啟：

```
php_crawler_lab@php-crawler-lab-VirtualBox:~$ sudo crontab -e
[sudo] password for php_crawler_lab:
no crontab for root - using an empty one

Select an editor.  To change later, run 'select-editor'.
  1. /bin/nano         <---- easiest
  2. /usr/bin/vim.basic
  3. /usr/bin/vim.tiny
  4. /bin/ed

Choose 1-4 [1]:
```

▲ 圖 50：執行工作排程指令時選擇開啟排程清單設定檔的編輯器

若在上述選擇編輯器的時候，選錯或是想要再重新選擇編輯器的話，則可以使用 select-editor 的指令來進行選擇，相關的圖示如下：

```
php_crawler_lab@php-crawler-lab-VirtualBox:~$ sudo select-editor

Select an editor.  To change later, run 'select-editor'.
  1. /bin/nano         <---- easiest
  2. /usr/bin/vim.basic
  3. /usr/bin/vim.tiny
  4. /bin/ed

Choose 1-4 [1]:
```

▲ 圖 51：執行 select-editor 指令進行選擇編輯器

上述選擇編輯器中，筆者都是選擇第 2 或是 3 的選項來使用 vim 編輯器進行編輯。假設是使用 vim 編輯器進行編輯，則可以按下「i」鍵並接著跳到最後一行並將下列的指令加入進去：

```
01   0 * * * * docker exec php_crawler php lab1-1.php
```

編輯好內容之後，接著按下「esc」按鍵，並輸入「:」鍵與「w」與「q」鍵之後，則上述的排程工作設定檔就設定完成了。上述工作排程設定內容所代表的是說，在每個小時會去執行 lab1-1.php 程式，意思就是去擷取指定的學校最新的消息。當然，還有更多的排程時間的描述式。

除了上述的工作排程設定之外，還可以使用另外一種方式來設定排程，其方法的指令如下：

```
01   sudo vim /etc/cron.d/crawler-lab
```

上述的指令為，使用 vim 編輯器並新增一個名為「/etc/cron.d/crawler-lab」檔案，接著，其相關內容如下：

```
01   SHELL=/bin/bash
02   PATH=/usr/local/sbin:/usr/local/bin:/sbin:/bin:/usr/sbin:/usr/bin
03   0 * * * * root docker exec php_crawler php lab1-1.php
```

上述的排程設定檔意思為，首先第一行為定義執行工作排程的 shell 要用哪一個，因此需要先定義 SHELL 之變數，這裡筆者所指定使用的 shell 為 Bash，接著就是定義 PATH 變數，此變數是用來定義執行指令的路徑，當再排程中執行某一些指令的時候，Bash 則會去 PATH 變數中尋找這些用到的指令有沒有在定義的 PATH 變數中的執行路徑，這樣一來在排程工作所執行的指令才可以順利的運行。那最後一行則是描述工作排程的時間與要執行的指令了，編輯好內容之後，接著按下「esc」按鍵，並輸入「:」鍵與「w」與「q」鍵即可以將此工作排程設定檔編輯完成了。

在這裡筆者只是用一個最簡單的方法來詮釋兩種不同的方法來定義工作排程整合的工作，更多的排程工作描述時間的方法可以參考 https://crontab.guru 這個網站。

學校消息網站爬蟲之寄信通知整合

上一篇章節中，將案例 1-1 的程式與 Linux 作業系統底下的 Cron 排程工作進行結合以及相關的設定教學，本章節中，則是要將：

- 案例 1-1 與發送信件 Mailgun 服務進行整合，讓學校最新消息可以自動發信給指定的收信對象。
- 有關於 Mailgun 服務的註冊方式，可參考附錄。

首先，依序執行下列的指令並先將名為 php_crawler 之容器給停止與刪除，接著運行爬蟲之容器環境：

```
01   docker stop php_crawler; docker rm php_crawler
02   docker run --name=php_crawler -d -it php_crawler bash
```

接著，將之前章節案例中之「lab1-1.php」程式利用個人偏好程式編輯器打開，並將下面內容放入下面程式碼：

```php
01   <?php
02
03   define('MAILGUN_URL', 'https://api.mailgun.net/v3/DOMAIN_NAME');
04   define('MAILGUN_KEY', 'key-MAILGUN_KEY');
05
06   require_once __DIR__ . '/vendor/autoload.php';
07
08   use GuzzleHttp\Client;
09   use Symfony\Component\DomCrawler\Crawler;
10
11   $latestNews = 'https://www.nttu.edu.tw/p/503-1000-1009.php';
12   $client = new Client();
13   $response = $client->request('GET', $latestNews);
14
15   $latestNewsString = (string)$response->getBody();
16
17   $titles = [];
```

```
18    $descriptions = [];
19    $pubDates = [];
20    $links = [];
21    $authors = [];
22
23    $crawler = new Crawler($latestNewsString);
24
25    $crawler
26        ->filter('title')
27        ->reduce(function (Crawler $node, $i) {
28            global $titles;
29            $titles[] = $node->text();
30        });
31
32    $crawler
33        ->filter('description')
34        ->reduce(function (Crawler $node, $i) {
35            global $descriptions;
36            $descriptions[] = str_replace([" ", "\n", "\r", "\t"], "", strip_
    tags($node->text()));
37        });
38
39    $crawler
40        ->filter('pubDate')
41        ->reduce(function (Crawler $node, $i) {
42            global $pubDates;
43            $pubDates[] = $node->text();
44        });
45
46    $crawler
47        ->filter('link')
48        ->reduce(function (Crawler $node, $i) {
49            global $links;
50            $links[] = $node->text();
51        });
52
53    $crawler
54        ->filter('author')
55        ->reduce(function (Crawler $node, $i) {
56            global $authors;
57            $authors[] = $node->text();
```

```
58        });
59
60    var_dump($descriptions);
61    var_dump($pubDates);
62    var_dump($links);
63    var_dump($authors);
64    var_dump($titles);
65
66    $text = implode(',', $descriptions) . "\n" . implode(',', $pubDates) . "\n"
       . implode(',', $links) . "\n";
67    $text .= implode(',', $authors) . "\n" . implode(',', $titles) . "\n";
68
69    $result = sendMailByMailGun('TO_EMAIL_ADDRESS', 'Peter', 'admin',
       'admin@DOMAIN_NAME', 'test', '', $text, '', '');
70
71    var_dump($result);
72
73    function sendMailByMailGun($to, $toName, $mailFromName, $mailFrom, $subject,
       $html, $text, $tag, $replyTo) {
74        $arrayData = [
75            'from'=> $mailFromName .'<'.$mailFrom.'>',
76            'to'=>$toName.'<'.$to.'>',
77            'subject'=>$subject,
78            'html'=>$html,
79            'text'=>$text,
80            'o:tracking'=>'yes',
81            'o:tracking-clicks'=>'yes',
82            'o:tracking-opens'=>'yes',
83            'o:tag'=>$tag,
84            'h:Reply-To'=>$replyTo
85        ];
86
87        $session = curl_init(MAILGUN_URL . '/messages');
88        curl_setopt($session, CURLOPT_HTTPAUTH, CURLAUTH_BASIC);
89        curl_setopt($session, CURLOPT_USERPWD, 'api:' . MAILGUN_KEY);
90        curl_setopt($session, CURLOPT_POST, true);
91        curl_setopt($session, CURLOPT_POSTFIELDS, $arrayData);
92        curl_setopt($session, CURLOPT_HEADER, false);
93        curl_setopt($session, CURLOPT_ENCODING, 'UTF-8');
94        curl_setopt($session, CURLOPT_RETURNTRANSFER, true);
95        curl_setopt($session, CURLOPT_SSL_VERIFYPEER, false);
```

```
96        $response = curl_exec($session);
97        curl_close($session);
98
99        $results = json_decode($response, true);
100
101       return $results;
102 }
```

上述的程式碼功能說明如下：

- 首先，先利用 PHP 內建的「define」函式定義兩個定值，分別是「MAILGUN_URL」與 MAILGUN_KEY。一個是請求網址，另一個是發送寄信 API 服務過去的時候所需要用來做認證的識別金鑰。程式碼中的「DOMAIN_NAME」與「key-MAILGUN_KEY」要替換成讀者的 Mailgun API 金鑰。

- 在第 69 行的程式碼中，有一個字串為「TO_EMAIL_ADDRESS」，需要改成要發送對象的信件地址。另外有一個字串為「admin@DOMAIN_NAME」，這個指的是寄件人的信箱地址，需要將上述字串中的「DOMAIN_NAME」改成正確的網域名稱。

- 在第 69 行進行了「sendMailByMailGun」函式之呼叫，並將回傳結果存到「$result」的變數中並在第 71 行中以「var_dump」函式印出。

- 將上述定值定義好之後，開始擷取學校最新消息之爬蟲程式。

- 將每個陣列用逗號合併起來並使用「\n」進行換行的字元，接著存成「$text」變數，接著呼叫 sendMailByMailGun 函式，函式相關的參數如下：

  - 「$to」：寄送對象信箱地址。
  - 「$toName」：寄送對象之名稱。
  - 「$mailFromName」：發送信件人之名稱。
  - 「$mailFrom」：發送人信件之信箱地址。
  - 「$subject」：信件主旨。

- 「$html」：信件內容，以 HTML 格式顯示，當對方收信的客戶端支援顯示 HTML 格式的信件內容時，則會顯這個變數中的內容。
- 「$text」：信件純文字內容，當對方收信的客戶端不支援 HTML 格式的信件內容時，則會顯示純文字的信件內容，即此變數中的內容。
- 「$tag」：標籤，用來標註此信件的重要程度。
- 「$replyTo」：回覆人的信箱。
- 利用 MailGun API 串接，把擷取到的學校最新消息送到指定的收件人。

接著把上述的 PHP 程式複製到運行的爬蟲環境之 Container 容器中：

```
01   docker cp lab1-1.php  php_crawler:/root/
```

接著利用下面的指令來執行此 PHP 程式：

```
01   docker exec php_crawler php lab1-1.php
```

執行完成之後，會得到類似下面的輸出結果：

```
01   array(2) {
02     ["id"]=>
03     string(87) "<20191014150419.1.8068997DB0F9DDA8@sandbox5099c0f44ddb4ce088
       3b7ed9d2a87499.mailgun.org>"
04     ["message"]=>
05     string(18) "Queued. Thank you."
06   }
```

若得到上述的輸出結果，則表示信件已經成功透過 Mailgun 之寄信 API 服務順利的發送寄信的請求過去，並得到正確的回應了。過了不久之後，去收信人的信箱，就會發現一封名為「test」的主旨，其信件內容如下截圖所示：

▲ 圖 52：透過 Mailgun 所寄送的學校最新消息信件

上述的寄信範例程式碼是使用 PHP 中之 cURL 擴展的相關函式所完成的，當然也可以改寫成使用 GuzzleHttp 這個套件改寫，相關改寫的程式如下：

```php
01  <?php
02
03  define('MAILGUN_URL', 'https://api.mailgun.net/v3/DOMAIN_NAME');
04  define('MAILGUN_KEY', 'key-MAILGUN_KEY');
05
06  require_once __DIR__ . '/vendor/autoload.php';
07
08  use GuzzleHttp\Client;
09  use Symfony\Component\DomCrawler\Crawler;
10
11  $latestNews = 'https://www.nttu.edu.tw/p/503-1000-1009.php';
12  $client = new Client();
13  $response = $client->request('GET', $latestNews);
14
15  $latestNewsString = (string)$response->getBody();
16
```

```
17   $titles = [];
18   $descriptions = [];
19   $pubDates = [];
20   $links = [];
21   $authors = [];
22
23   $crawler = new Crawler($latestNewsString);
24
25   $crawler
26       ->filter('title')
27       ->reduce(function (Crawler $node, $i) {
28           global $titles;
29           $titles[] = $node->text();
30       });
31
32   $crawler
33       ->filter('description')
34       ->reduce(function (Crawler $node, $i) {
35           global $descriptions;
36           $descriptions[] = str_replace([" ", "\n", "\r", "\t"], "", strip_
     tags($node->text()));
37       });
38
39   $crawler
40       ->filter('pubDate')
41       ->reduce(function (Crawler $node, $i) {
42           global $pubDates;
43           $pubDates[] = $node->text();
44       });
45
46   $crawler
47       ->filter('link')
48       ->reduce(function (Crawler $node, $i) {
49           global $links;
50           $links[] = $node->text();
51       });
52
53   $crawler
54       ->filter('author')
55       ->reduce(function (Crawler $node, $i) {
56           global $authors;
```

```php
57            $authors[] = $node->text();
58        });
59
60    // var_dump($descriptions);
61    // var_dump($pubDates);
62    // var_dump($links);
63    // var_dump($authors);
64    // var_dump($titles);
65
66    $text = implode(',', $descriptions) . "\n" . implode(',', $pubDates) . "\n" .
       implode(',', $links) . "\n";
67    $text .= implode(',', $authors) . "\n" . implode(',', $titles) . "\n";
68
69    //$result = sendMailByMailGun('TO_EMAIL_ADDRESS', 'Peter', 'admin',
       'admin@DOMAIN_NAME', 'test', '', $text, '', '');
70    $result = sendMailByMailGunGuzzle('TO_EMAIL_ADDRESS', 'Peter', 'admin',
       'admin@DOMAIN_NAME', 'test', '', $text, '', '');
71
72    var_dump($result);
73
74    function sendMailByMailGunGuzzle($to, $toName, $mailFromName, $mailFrom,
       $subject, $html, $text, $tag, $replyTo) {
75        $client = new Client();
76        $arrayData = [
77            'from'=> $mailFromName .'<'.$mailFrom.'>',
78            'to'=>$toName.'<'.$to.'>',
79            'subject'=>$subject,
80            'html'=>$html,
81            'text'=>$text,
82            'o:tracking'=>'yes',
83            'o:tracking-clicks'=>'yes',
84            'o:tracking-opens'=>'yes',
85            'o:tag'=>$tag,
86            'h:Reply-To'=>$replyTo
87        ];
88        $requestArray = [
89            'form_params' => $arrayData,
90            'auth' => ['api', MAILGUN_KEY],
91        ];
92        $response = $client->request('POST', MAILGUN_URL . '/messages', $requestArray);
93
```

```
94      return (string)$response->getBody();
95  }
96
97  function sendMailByMailGun($to, $toName, $mailFromName, $mailFrom,
    $subject, $html, $text, $tag, $replyTo) {
98      $arrayData = [
99          'from'=> $mailFromName .'<'.$mailFrom.'>',
100         'to'=>$toName.'<'.$to.'>',
101         'subject'=>$subject,
102         'html'=>$html,
103         'text'=>$text,
104         'o:tracking'=>'yes',
105         'o:tracking-clicks'=>'yes',
106         'o:tracking-opens'=>'yes',
107         'o:tag'=>$tag,
108         'h:Reply-To'=>$replyTo
109     ];
110
111     $session = curl_init(MAILGUN_URL . '/messages');
112     curl_setopt($session, CURLOPT_HTTPAUTH, CURLAUTH_BASIC);
113     curl_setopt($session, CURLOPT_USERPWD, 'api:' . MAILGUN_KEY);
114     curl_setopt($session, CURLOPT_POST, true);
115     curl_setopt($session, CURLOPT_POSTFIELDS, $arrayData);
116     curl_setopt($session, CURLOPT_HEADER, false);
117     curl_setopt($session, CURLOPT_ENCODING, 'UTF-8');
118     curl_setopt($session, CURLOPT_RETURNTRANSFER, true);
119     curl_setopt($session, CURLOPT_SSL_VERIFYPEER, false);
120     $response - curl_exec($session);
121     curl_close($session);
122
123     $results = json_decode($response, true);
124
125     return $results;
126 }
```

相關程式碼說明如下：

- 與前一個程式碼片段沒有多大的差別，唯獨不一樣的地方為，在第 69 行的地方，將行註解。

- 在第 70 行加入了「sendMailByMailGunGuzzle」函式之呼叫，並將回傳結果存到「$result」的變數中並在第 72 行中以 PHP 的內建「var_dump」函式印出。

- 而在第 74 行的地方，加入了「sendMailByMailGunGuzzle」函式，並與「sendMailByMailGun」函式之參數相同。

- 「sendMailByMailGunGuzzle」函式內容說明如下：
  - 先建立一個「GuzzleHttp\Client」的類別實例。
  - 宣告一個「$arrayData」變數，型態為關聯式陣列，裡面放的是發送 HTTP 請求之內容。
  - 宣告一個「$requestArray」變數，裡面的「form_params」鍵之值就是放入「$arrayData」變數，而「auth」鍵用來進行 HTTP Basic Authentication 來驗證存取 API 服務之使用者。其對應的值則放入一個陣列，陣列有兩個變數，第一個使用者名稱在 MailGun 底下固定為「api」，第二個變數則為密碼，密碼則是「MAILGUN_KEY」之定值。

將「lab1-1.php」程式複製到爬蟲環境容器中，接著執行後，所得到的結果與上述的截圖是一樣的。

案例整合相關的章節到這裡就結束了，下一章節開始，將會介紹進階爬蟲技術。

08

進階爬蟲技術介紹

經歷了前七個章節有關於網路爬蟲與機器人實做、分析與一些案例整合專案之後,相信各位讀者對於使用 PHP 開發網站基礎的爬蟲與擷取網頁內容程式實做有一定的基礎與了解了。

本章節中,筆者會帶領讀者了解何謂進階爬蟲技術、自動瀏覽器與無頭瀏覽器發展歷史、反爬蟲歷史以及解析驗證碼工具之介紹。

何謂進階爬蟲

什麼是進階爬蟲?相信讀者讀到這個章節,對一般爬蟲已經非常熟悉了,進階爬蟲是筆者所給的一個分類,筆者給的定義是:凡是一般發送 HTTP 請求與解析回應的 HTML 網頁內容之外仍無法開發出爬蟲或是機器人者,都會被歸類在此類,比如說,除了使用到 HTTP 進行發送請求之外,還會在發送 HTTP 請求之前,利用網頁瀏覽器執行網頁前端如 JavaScript 等程式或是使用網頁瀏覽器在前端的一些特性,比如將一些資訊儲存到 LocalStorage 等,甚至是加入圖形驗證碼,來增加網頁的複雜度來防止網路機器人存取,但是俗話說的好,「道高一尺,魔高一丈」,應對上述這類型特性的工具與套件就會相應而生,下面為之後的章節內容規劃:

- 自動操作瀏覽器與無頭瀏覽器發展史介紹。
- 反爬蟲發展史介紹
- 解析驗證碼工具介紹

自動操作瀏覽器與無頭瀏覽器發展史介紹

　　在前一章節中，筆者介紹了進階爬蟲定義之後，在這章節要談論有關於自動操作瀏覽器與無頭瀏覽器的演變與發展史，自動操作瀏覽器是什麼？簡單來說就是使用程式或是自動化的方式操作瀏覽器，讓瀏覽器可以透過設計好的腳本進行所有有關於瀏覽器的行為與動作，那無頭瀏覽器是什麼？在使用自動作瀏覽器的時候，通常預設模式都會將瀏覽器開啟並讓使用者看到自動化操作瀏覽器的畫面，這在開發自動化瀏覽器爬蟲的時候是非常好用的，原因是開發者可以直接看到自己所開發的腳本有沒有預期的行為進行自動化的操作瀏覽器，但是要將此爬蟲部署到遠端的主機時候就會有問題了，原因是遠端主機通常都不會有桌面環境可以供開發使用外，大多主機控制都是透過遠端主機連線，如 SSH 等方式進行操作，因此無頭瀏覽器之模式就是來解決上述問題所設計的。在筆者還在唸碩士班的時候，也需要透過較好的主機進行網站圖片截取等相關動作，因此需要有一個工具可以進行無頭瀏覽器的方式來進行操作瀏覽器，後來在那時候找到了一個叫做 PhantomJS 的工具（如圖 53），這個工具的目的就是以腳本的方式來對瀏覽器進行無頭模式的操作。

▲ 圖 53：PhantomJS Logo

但是過了一段時間之後，這個工具就在筆者碩士畢業之後停止維護了。後來也慢慢的逐漸沒落，取而代之的是叫做 Selenium 的一個綜合性的項目專案，該專案目的為可以做網頁端的自動化測試，後來也大量的應用在爬蟲開發上，而這個專案底下有一個工具叫做 Selenium WebDriver，其目的是透過一個 WebDriver 的介面，可以操作各大常見的網頁瀏覽器，比如說：Google Chrome 與 FireFox 等，其架構如下圖 54，可以解釋這個 WebDriver 是怎樣運作的。透過運作架構圖可以得知，可以先透過官方所提供的程式語言相關套件綁定 Selenium 綁定並呼叫一個叫做「JSON Write Protocol」的協定來進行與 Browser Driver 之溝通，接著 WebDriver 收到相關的資料與動作之後，進而才會去操作真正瀏覽器的相關動作。因此當瀏覽器更新的時候，WebDriver 也需要跟著更新，因為 WebDriver 並不是一般瀏覽器的一部分，所以需要注意瀏覽器的版本。之後，筆者發現，Google Chrome 官方在 2017 年左右的時候，正式推出了以無頭模式來啟動的網頁瀏覽器（圖 55），並在 59 版的 Chrome 就開始支援，這個目的就是讓 Google Chrome 瀏覽器可以在沒有圖形化介面的情形下進行瀏覽器的操作。換句話說，就是載入一般的網頁頁面外，並不會有 GUI 等使用者操作介面顯示出來，同時也不需要仰賴桌面環境才可以進行操作，更大的一項優點是，這是官方原生所支援的，因此不需要再安裝如 WebDriver 等相關的工具。除此之外，開發 Chrome DevTols 官方團隊也提供了進行操作無頭模式的 Chrome 瀏覽器的工具，叫做「Puppeteer」，提供更高階級的 API 進行操作 Google Chrome 瀏覽器，其預設模式為以無頭瀏覽器進行操作之外，也可以操作一般模式的瀏覽器，即有圖形化使用者介面模式的瀏覽器進行操作。

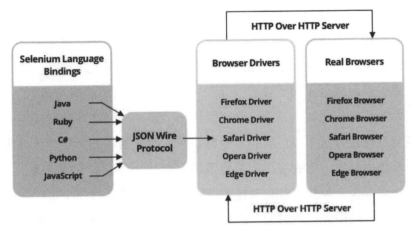

▲ 圖 54：Selenium WebDriver 運作架構

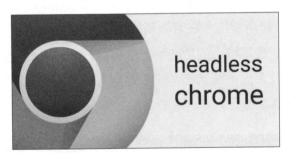

▲ 圖 55：headless Chrome Logo

▲ 圖 56：Puppeteer Logo

反爬蟲發展史介紹

在前一章節中，筆者介紹了自動化操作瀏覽器以及無頭瀏覽器的發展史介紹之外，這一章介紹的是有關於在網站發上的反爬蟲相關技術，為了阻止網站遭到大量的網路機器人與爬蟲進行存取，於是在開發網站的前後端的人在開發上就加了許多的功能，就讓筆者娓娓道來，首先，許多人都有使用一個網站有填寫註冊或是留言等相關的表單經驗吧？開發團隊為了要防止非人以外的用戶端進行存取，則會使用叫做驗證碼的東西，什麼是「驗證碼」？顧名思義就是串字串或是作一些只有使用者特定的動作或是行為來進行人類的驗證，比方說會使用圖形的驗證，那為什麼要透過圖形來進行驗證是否為人類呢？在一般情形下，一般的使用者才可以做到看圖這件事情，並也是一種全自動區分電腦和人類的公開圖靈測試，最早是 2000 年由卡內基美隆大學的路易斯·馮·安教授所提出，在驗證碼這個名詞問世之後，許多的網頁也相繼的加入以這類驗證碼概念的功能到一些重要的網頁頁面上，如下圖可以得知，這個網頁在登入此系統之前，除了要輸入帳號、密碼等欄位之外，也需要輸入圖形驗證碼來進行人類之驗證。

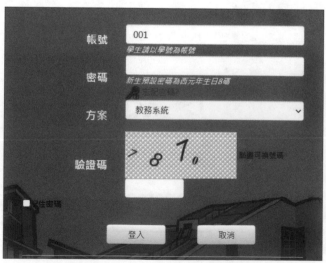

▲ 圖 57：系統登入含有驗證碼頁面

像這類的驗證碼為開發網頁團隊所自己建立的圖片，有時容易被光學文字辨識等方式解出來之外，相對的也就不能識別出是否是一般使用者的目的了。所以路易斯·馮·安教授在提出驗證碼這一名詞之後，隨即也成立了一間公司叫做「reCAPTCHA」，目的就是掃瞄許多從圖書上面的文字當成驗證碼圖片，並不會讓光學文字辨識方式順利解出來之外，也可以較容易的將非一般使用者擋在外面，後來這間公司就被網路公司巨擘 Google 所收購，之後 Google 也陸續發展出 v2 和 v3 的版本，在 v2 版本中，就是加入了圖片辨識的功能，在按下某個區塊之後會顯示一個圖形樣式，讓一般使用者在限定的時間之內，找到指定的項目，有可能是樹木，汽車等一些東西。之後的 v3 版本又更進階了，為了不讓使用者在驗證是否是　般人類非常的不便，因此 v3 版本中只需要使用者使用滑鼠進行點擊某個特殊的區塊，並會將一些資料後送到 reCAPTCHA 後端服務進行評分，當分數過低時，則可以直接判定為網路機器人或爬蟲。

▲ 圖 58：reCAPTCHA 各版本代表的驗證碼形式

▲ 圖 59：reCAPTCHA v2 的圖形辨識示意圖

除了使用驗證碼進行驗證之外，有的會透過像是簡訊或是信箱進行驗證，其目的與使用驗證碼一樣，要證明這個表單送出或是相關動作是一般正常人所為，因此簡訊或是信箱發送之後，裡面就會有驗證碼讓使用者收到之後，在限定的時間內回到網站服務驗證頁面進行填寫以利後續頁面的轉換以及進行下一步的動作。除了簡訊與信箱驗證碼之外，也有使用像是「Google Authenticator」這類的驗證服務，其目的如同上述的簡訊與寄信驗證服務一樣，目的就是要判斷是否為一般的正常使用者。

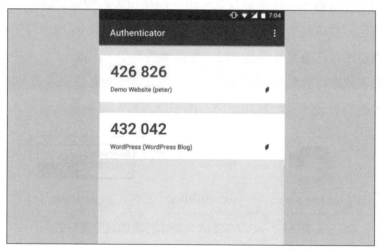

▲ 圖 60：Google Authenticator 管理驗證服務清單

上述這類的服務與功能，都是歸類叫做「二階段驗證」的一種概念，除了增加使用者身分之驗證安全性之外，也可以有效的識別出非一般使用者存取服務的用戶端，更多有關於 Google Authenticator 之解釋與應用可以參訪這個網址：https://support.google.com/accounts/answer/1066447?co＝GENIE. Platform％3DAndroid&hl＝zh-Hant。

解析驗證碼工具介紹

在前一章節中，筆者介紹了簡易的反爬蟲發展史介紹之後，在這一篇章節特別獨立出來，介紹文字光學辨識等工具，這些可以當作解析驗證碼的一種方式。什麼是「文字光學辨識」？是指對文字資料的圖像檔案進行分析辨識處理，取得文字及文章版面資訊的過程，那跟驗證碼有什麼關係呢？因為有些驗證碼在設計上有缺陷，進而可以透過這類的辨識方法將驗證碼中的文字字串給提取出來，並不能有效的阻擋網路爬蟲與機器人的自動化存取。最有名的文字光學辨識引擎的專案就屬於「Tesseract」了，這套工具是由 Google 所開發的開源專案出來並發佈到 GitHub 上面，這個專案網址連結為：https://github.com/tesseract-ocr/tesseract。那這套工具要如何安裝呢？如果是在 Linux Ubuntu 作業系統且版本為 20.04 底下進行開發。可以使用下列的指令進行安裝：

```
01   sudo apt-get update
02   sudo apt install tesseract-ocr
03   sudo apt install libtesseract-dev
```

上述指令動作為：首先先更新本地端的套件來源網站列表與相關的資料，接著開始安裝 tesseract-ocr 與 libtesseract-dev 這兩個套件，上述指令皆執行完成之後，則可以使用下列的指令來查看目前安裝的 tesseract 的版本：

```
root@b4682c7c03c9:/# tesseract --version
tesseract 4.1.1
 leptonica-1.79.0
  libgif 5.1.4 : libjpeg 8d (libjpeg-turbo 2.0.3) : libpng 1.6.37 : libtiff 4.1.0 : zlib 1.2.11 : lib
webp 0.6.1 : libopenjp2 2.3.1
 Found AVX2
 Found AVX
 Found FMA
 Found SSE
 Found libarchive 3.4.0 zlib/1.2.11 liblzma/5.2.4 bz2lib/1.0.8 liblz4/1.9.2 libzstd/1.4.4
```

▲ 圖 61：執行 tesseract --version 指令後輸出的結果

從上圖可以得知，目前安裝的版本為 4.1.1，接著，可以用下列的指令看目前 tesseract 所支援辨識的語系文字：

```
01   tesseract --list-langs
```

從下圖可以得知，預設 tesseract 支援偵測英文文字，以及 Orientation and script detection（OSD），可以偵測文字位置等相關的腳本：

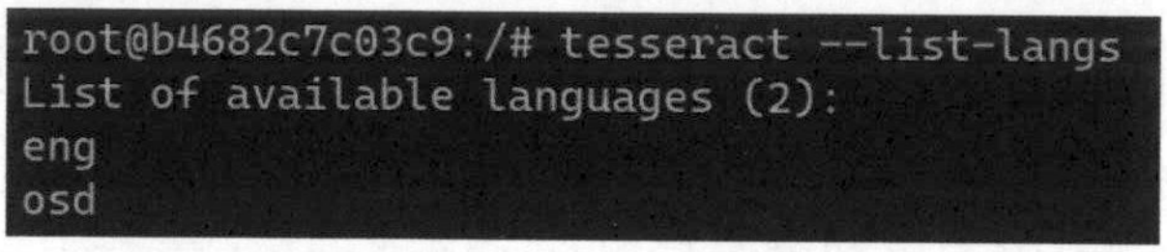

```
root@b4682c7c03c9:/# tesseract --list-langs
List of available languages (2):
eng
osd
```

▲ 圖 62：執行 tesseract --list-langs 後輸出的結果

當然，tesseract 已經預設在本書中所使用到的爬蟲開發環境了，而讀者可以直接便利的使用之外，也可以較為容易的進行後面兩章的進階爬蟲開發等相關案例研究的操作，若要更進一步的了解 tesseract 的使用操作，或是自己編譯 tesseract 版本在其他的作業系統上，則可以參考此短網址連結：https://medium.com/quantrium-tech/installing-tesseract-4-on-ubuntu-1804-b6fcd0cbd78f。

案例研究 5-1 購物網站

經過了先前幾個章節有關於反爬蟲、進階瀏覽器動化操作以及解析驗證碼工具介紹,那這章節就是要將先前所提到的工具挑幾個出來使用並進而開發出一個進階爬蟲。

購物網站之身分認證登入分析

在日常的生活中,幾乎人們都離不開網路購物,並在購物網站上進行購物與查看訂單,當然,筆者也不例外,而隨著很多的實體購物商店慢慢的加入網路購物與會員制之後,也慢慢改變上一代長輩購物的方式,筆者的父母都會去固定的有機商店購買相關的物品,而在某一天的時候,該有機商店開始公告會員制要以手機 App 之外,也需要以智慧型手機進行會員註冊,這樣才有會員相關的權益與回饋,同時會員也會一併註冊到有機商店之網路購物網站上,供會員們進行查看目前會員資訊以及相關的狀態,上述這對一般消費者來說,無疑是增加了便利性,但是對筆者父母來說是一個負擔,原因是父母並沒有使用智慧型手機的習慣,因此需要與我共用一個會員帳號,由我負責註冊會員之後,提供我註冊會員時的手機號碼讓父母在去有機商店購物的時候使用,但這樣會衍生一個問題是,共用會員結果將導致購物清單會混在一起，造成筆者在記帳的時候會出現一些問題。因為筆者也會去消費，但是礙於一些因素，不能再註冊一個新帳號與筆者父母分開，因此在共用同一個帳號的情形下，容易混淆購物清單，分不清楚是誰的購買的商品，有鑑於此，筆者就想到，倒不如開發一個網路機器人來自動的登入購物網站帳號，並自動的分類相關購物的清單，這樣一來就可以自動分類，以區分出筆者與父母的購物清單了。確定好開發此網路機器人的需求之後，接著打開 Google Chrome 瀏覽器並輸入購物網站連結：https://www.leezen.com.tw/login.php?a＝login 並得到下面的登入頁面：

▲ 圖 63：購物網站會員登入頁面

從上面的登入頁面截圖來看，可以得知，這是一個登入頁面的表單，這個登入頁面的表單有下列幾個值得注意的地方：

- E-mail 電子信箱或是手機號碼當作帳號、登入的密碼、驗證碼以及登入
  按鈕和記住我等四個欄位與一個按鈕。
- 還有一個「忘記密碼？」的連結，不過這在本章節不會用到。

接著，筆者可以在這裡，整理並列出需要登入此頁面的步驟流程：

- 填入登入用的 E-mail 電子信箱帳號或是手機號碼。
- 填入登入的密碼。
- 填入圖片中驗證碼的檔案。
- 利用 HTTP POST 方法進行發送的請求。

當然，也可以在此頁面按下「F12」按鍵並打開開發者模式，得到下圖所
示，並試著將上述的動作以手動的方式操作一遍，按下綠色「登入」按鈕之
後，若登入成功，則會跳出下列的圖示：

▲ 圖 64：會員登入成功之後所跳出的提示訊息

可以從開發者模式中，看到發送 HTTP POST 的請求目標網址，如下圖所示：

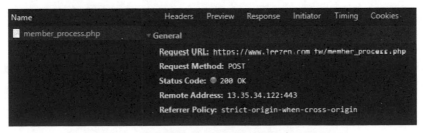

▲ 圖 65：購物網站之會員登入時所發出的請求

將上述圖之開發者模式頁面再往下拉之後，則會看到傳送表單的相關資料，相關資訊如下圖所示：

▲ 圖 66：購物網站之會員登入所傳送過去的 Form Data

從傳送過去的 Form Data 表單資料，不難發現大部分的欄位都可以在登入頁面中發現跟組合出相對應的欄位，不過還是有幾個欄位還是需要多注意，因為這是在登入頁面中沒有看到的，相關的重點如下：

- member_m 欄位：看起來是在登入的時候，這個欄位可以是空的，抑或是填入手機號碼，為了保險起見，要讓這裡對應字串值與 member 欄位應為相同。

- redirect_url 欄位：看起來是要重新導向的網址時候會使用，而這個欄位在發送登入的請求時候，也不需要填入任何的值，因此直接放入對應的空字串值。

- Mode 欄位：這個欄位看起來是給後端進行判斷請求過來是哪一種類的模式，因為是登入的模式，因此這邊就照填，填入 login 字串。

- token 欄位：這個欄位看起來像是在表單中會出現的隱藏欄位值，驗證一下發現，跟筆者猜想的一樣，在表單中有一個隱藏欄位的值，需要用網頁瀏覽器的開發者模式才可以看到，如下圖所示：

▲ 圖 67：購物網站之會員登入頁面之隱藏的 token 欄位

- Turing2 欄位：這個欄位其實就是放入驗證碼答案的地方。
- login 欄位，這個欄位就是在按下綠色「登入」按鈕之後會填入的字串，因為是登入的請求，因此這裡填入：「登入」字串即可。

分析完上述的 HTTP POST 發送請求與相關的欄位所對應的值解析之後，接著就可以列出相對應的爬蟲步驟了：

- 首先，先發送 HTTP GET 之請求到 https://www.leezen.com.tw/login.php?a＝login 網址。
- 接著，透過上述分析的所有欄位定義，去找出對應的值之後產生 Form Data。
- 因為此登入頁面需要有驗證碼，因此需要發送一個請求到網址：https://www.leezen.com.tw/captcha/code.php?t＝1609135140?654 來得到此登入頁面對應的驗證碼圖片。
- 接著就發送 HTTP POST 請求到網址 https://www.leezen.com.tw/member_process.php。
- 若登入成功，則會得到一個回應字串中含有「登入成功」字串了。

購物網站之身分認證機器人實做

在上一章節中，筆者已經分析完成此購物網站的登入流程步驟，接著在此章節，要將上一章節的登入流程實做出來，首先先依序的執行下列的指令將開發爬蟲之 Docker 容器環境給執行起來：

```
01   # 停止容器與防止此名稱已經有使用
02   docker stop php_crawler; docker rm php_crawler
03
04   # 啟動 Docker container 並取名叫做 php_crawler
05   docker run --name php_crawler -d -it php_crawler bash
```

接著再打開自己偏好的程式編輯器並將此檔案取名叫做：「lab5-1.php」檔案，並將下列的程式碼貼入到此檔案中：

```
01   <?php
02
03   require_once './vendor/autoload.php';
04
05   use GuzzleHttp\Client;
06   use Symfony\Component\DomCrawler\Crawler;
07   use thiagoalessio\TesseractOCR\TesseractOCR;
08
09   $loginUrl = 'https://www.leezen.com.tw/login.php';
10   $captchaUrl = 'https://www.leezen.com.tw/captcha/code.php';
11
12   $client = new Client(['cookies' => true]);
13   $response = $client->request('GET', $loginUrl);
14   $loginPageResponse = (string)$response->getBody();
15
16   $codeResponse = $client->request('GET', $captchaUrl);
17   file_put_contents('./code.png', (string)$codeResponse->getBody());
18
19   $code = (new TesseractOCR('code.png'))
20       ->lang('eng')
21       ->run();
22
```

```
23  $crawler = new Crawler($loginPageResponse);
24  $token = '';
25  $crawler
26      ->filter('input[type="hidden"]')
27      ->reduce(function (Crawler $node, $i) {
28          global $token;
29          if ($node->attr('name') === 'token') {
30              $token = $node->attr('value');
31          }
32      });
33
34  $formParams = [
35      'form_params' => [
36          'member' => 'email_or_phone_number',
37          'member_m' => ' email_or_phone_number',
38          'member_password' => 'password',
39          'Mode' => 'login',
40          'token' => $token,
41          'Turing2' => $code,
42          'login' => '登入',
43      ],
44  ];
45
46  $postLoginUrl = 'https://www.leezen.com.tw/member_process.php';
47  $response = $client->request('POST', $postLoginUrl, $formParams);
48
49  $loginResponseString = (string)$response->getBody();
50
51  var_dump($loginResponseString);
```

上述程式碼說明如下：

- 首先，先建立一個叫做 GuzzleHttp/Client 的類別實例出來，並設定選項 cookie 為 true，意思是之後每個請求，cookie 都會共用，這樣一來就可以讓驗證碼連結請求與登入頁面請求讓後端視為同一個 client 端所發送的了。

- 發送 HTTP GET 方法的請求至 https://www.leezen.com.tw/login.php 網站，並將回應的頁面內容儲存至 $loginPageResponse 變數中。

- 利用 $client 變數發送 HTTP GET 方法的請求至 https://www.leezen.com. tw/captcha/code.php 網站，並將回應的頁面內容儲存至 $codeResponse 變數中，由於回應回來的頁面內容為二進位的 PNG 圖檔，因此使用 PHP 內建的 file_put_contents 函式儲存成 code.png 檔案。

- 接著，建立一個 TesseractOCR 之類別實例，並載入 code.png 圖檔，與指定語系為英文（eng），接著呼叫 run 方法得到光學辨識的結果儲存至 $code 變數中。

- 由於 code.txt 檔案可能會有其他在辨識過程中誤判導致產生出一些其他的字元，為了要過濾掉這些非此驗證碼的字元，因此使用 PHP 內建函式 preg_match，使用正規表示式，將一般數字字串取出來並儲存到 $matched 變數中，並取出第 1 個索引值的值存放到 $code 變數之中。

- 建立一個 Symfony\Component\DomCrawler\Crawler 之類別實例，並將 $loginPageResponse 載入到此類別之建構式，接著透過 CSS Selector 方式取出隱藏欄位名稱 token 中之 value 屬性所對應的值並儲存到 $token 變數中。

- 宣告一個 $formParams 變數，此變數為一個關聯式陣列，裡面的欄位如下：
  - member，E-mail 電子信箱帳號或是手機號碼。
  - member_m，為空字串。
  - member_password，會員登入所需要的密碼。
  - Mode，模式為「login」，故填入 login 字串。
  - token，填入 $token 變數。
  - Turing2，驗證碼的答案，填入 $code 變數。
  - Login，在登入頁面中按下綠色之「登入」按鈕之後所填入的值，因此這裡填入「登入」這個字串。
  - 接著使用 HTTP POST 請求發送給 https://www.leezen.com.tw/member_process.php 網址。

- 並將上述回應的頁面轉型成 string 型別，並存放到 $loginResponseString 變數。
- 使用 var_dump 函數完整的印出 $loginResponseString 變數。

將 lab5-1.php 檔案編輯完成之後，接著可以使用下列的指令將此檔案複製到名為 php_crawler 的容器中：

```
01   docker cp lab5-1.php php_crawler:/root/
```

接著，執行下列的指令來執行 lab5-1.php 程式並驗證是否此網路機器人可以成功的登入此購物網站：

```
01   docker exec -it php_crawler php lab-1.php
```

上述的指令為，將使用 bash 指令執行一段指令，並先使用 export 定義環境變數 LC_ALL 為「zh_TW.UTF-8」，其目的為將執行環境語系改成此台灣 UTF-8 之編碼語系，這樣一來 lab5-1.php 檔案裡面的中文字才會正常的顯示，若光學辨識解析驗證碼成功且輸入的帳號與密碼等欄位都是正確的話，則會得到下列圖示的結果：

```
string(110) "<script>alert("登入成功，歡迎您回到天天里仁！");window.location.replace("index.php") ;</
script>"
```

▲ 圖 68：執行 lab5-1.php 程式後登入成功所輸出的訊息

若帳號密碼登入失敗出錯的話，則會出現下列的圖示：

```
string(96) "<script>alert("帳號或密碼有誤，請重新輸入或註冊會員");history.back();</script>"
```

▲ 圖 69：執行 lab5-1.php 程式後登入失敗所輸出的訊息

到這裡，實做自動登入購物網站之機器人就結束了，在下一章，要繼續將此章節延續，進行購物網站的會員購物清單頁面爬蟲分析。

購物網站之歷史購物清單爬蟲分析

在上一章節中，筆者已經分析將會員購物網站之網路機器人實做完成了，接著要在這一章節，繼續進行登入之後，購物網站的歷物清單爬蟲分析。首先，先需要打開瀏覽器並登入到此購物網站以便知道登入成功之後，該如何存取歷史購物清單並進而設計出自動化的方法。當登入成功之後，將會重新導向並跳轉到首頁頁面，如下列的截圖：

▲ 圖 70：購物網站首頁

接著，可以輸入：https://www.leezen.com.tw/member.php 進入到下列圖片的這個網站：

▲ 圖 71：會員消費記錄頁面

從上面的截圖可以得知，可以搜尋訂單表單之外，另外還有一個固定的日期範圍所消費的總金額在搜尋表單中，有兩個選取欄位，點擊其中一個之後，則會跳出日期選擇的清單，這看起來是使用前端框架 jQuery UI 之 Date picker 的外掛。上述相關的操作，如下圖所示：

▲ 圖 72：會員消費記錄的搜尋訂單功能之前端日期選擇器

當選好一個日期範圍之後，按下「查詢」之綠色按鈕，等了一陣子之後，發現沒有查詢到任何東西，並得到下列這個圖示：

▲ 圖 73：搜尋訂單頁面上查詢一個日期範圍後的結果頁面

從上的截圖可以知道，消費紀錄的查詢僅限於從現在起往前之 3 個月以內的消費紀錄，若要查詢更早之前的，則需要聯繫客服，為了不要這麼的麻煩，因此筆者在這裡就操作分析 3 個月內的歷史查詢購物清單即可。因此稍微推算一下，假設今天是 2020-12-28，則前推三個月，即為 2020-09-28，將這範圍放入開始與結束時間的日期範圍，則可以得到下列的截圖：

搜尋訂單

2020-09-28 起至 2020-12-28 查詢 清除日期

網購消費記錄 門市消費記錄

- 門市消費紀錄將於您消費後48小時內更新。
- 實際資料以發票明細及本公司系統紀錄為準。
- 如欲查詢3個月以前門市消費紀錄，請聯絡客服。

消費日期時間	消費地點	消費金額	明細查詢
2020-12-16 20:25:18	里仁事業股份有限公司內湖分公司	$122	點我查詢
2020-12-14 17:13:09	里仁事業股份有限公司內湖分公司	$649	點我查詢

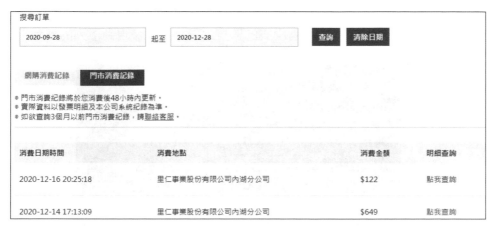

▲ 圖 74：設定距今日前三個月範圍之門市消費記錄查詢結果頁面

從上面的截圖可以得知，已經找到歷史消費紀錄了，這會以表格方式呈現，除了有消費日期時間、消費地點與消費金額之外，另外還有明細查詢，點擊明細查詢的連結後，則會跳轉到另一個頁面：

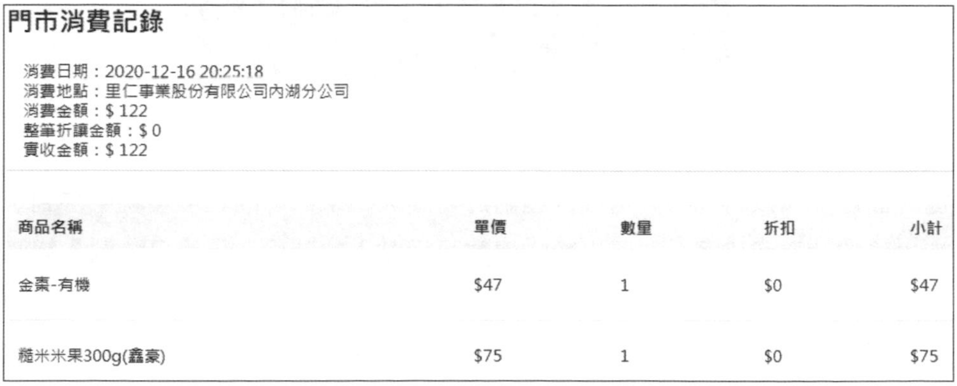

門市消費記錄

消費日期：2020-12-16 20:25:18
消費地點：里仁事業股份有限公司內湖分公司
消費金額：$ 122
整筆折讓金額：$ 0
實收金額：$ 122

商品名稱	單價	數量	折扣	小計
金棗-有機	$47	1	$0	$47
糙米米果300g(鑫豪)	$75	1	$0	$75

▲ 圖 75：某日消費明細記錄頁面

從上圖得知，明細查詢就是當天的更詳細消費紀錄，也是以表格呈現，裡面有商品名稱、單價、數量、折扣以及小計等欄位。經過上述幾個手動操作之後，接下來可以使用「F12」按鍵打開開發者模式來監控這兩個操作了。首先，門市消費錄表格透過開發者模式的監控之後，可以發現到下列的截圖：

▲ 圖 76：發送 member.php 請求資訊

透過上面截圖可以知道，在按下「查詢」的綠色按鈕之後，會發送一個 HTTP POST 請求至 https://www.leezen.com.tw/member.php 網址。接著再將上述的頁面往下拉之後，可以看到傳送過去的表單資料，相關截圖如下：

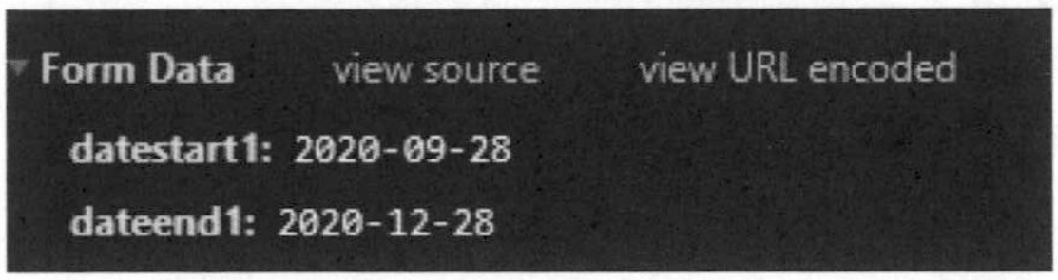

▶ **Form Data**　　view source　　　view URL encoded
　　datestart1: 2020-09-28
　　dateend1: 2020-12-28

▲ 圖 77：發送日期範圍所對應 Form Data 裡面的欄位

從上面截圖可以得知，就是發送起始的時間與結束的時間之後，就會得到查詢之後的消費紀錄了。在歷史購物清單頁面載入的時候，預設只會載入網購消費紀錄的頁面與內容，若要載入「門市消費紀錄」，則需要再按下「門市消費紀錄」的這個分頁，接著才會載入門市消費等相關內容，下面則是相關的操作之截圖與開發者模式所截取到有關於 HTTP 相關的請求：

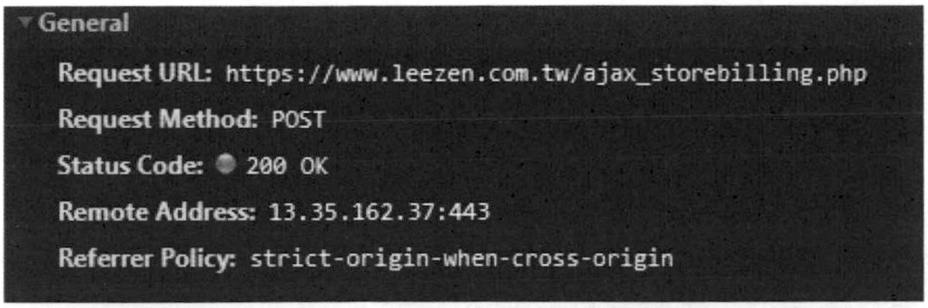

▲ 圖 78：使用 AJAX 請求之門市消費記錄之相關資訊

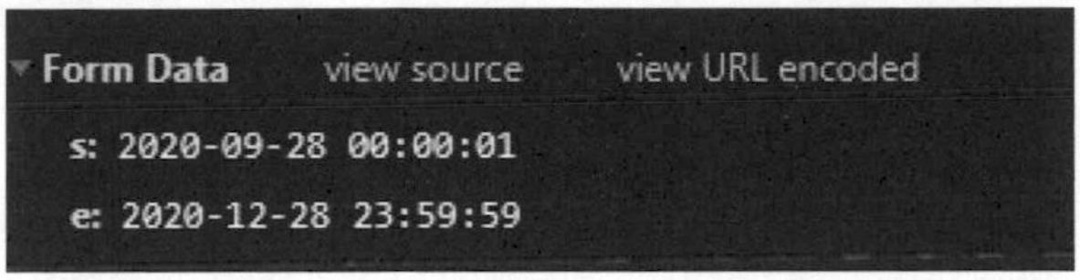

▲ 圖 79：門市消費記錄之日期範圍所對應到 Form Data 裡面的欄位

到這裡，就可以把購物網站之歷史購物清單爬蟲實做的流程給分析出來了，步驟如下：

- 首先先登入購物網站。

- 登入完成之後，有鑑於長輩幾乎都是門市消費，因此先針對門市消費紀錄做查詢與擷取資料即可。

- 接著想好要填入的「s」與「e」欄位值；這兩個欄位分別代表為查詢門市消費紀錄之起始與結束日期，並會在開始日期代入「00:00:00:01」時間，以及在結束日期代入「23:59:59」時間。組合好表單資料之後，接著發送 HTTP POST 請求到 https://www.leezen.com.tw/ajax_storebilling.php 網址，成功發送之後，就會拿到相對應回應的 HTML 格式的資料了。

購物網站之歷史購物清單爬蟲實做

在上一章節中，完成了歷史購物清單爬蟲析與流程步驟設計之後，接下來就是此爬蟲實做的環節了。首先，按照慣例，先將運行爬蟲的容器環境給啟動，並確定已經運行，相關的啟動指令如下：

```
01   # 停止容器與防止此名稱已經有使用
02   docker stop php_crawler; docker rm php_crawler
03
04   # 啟動 Docker container 並取名叫做 php_crawler
05   docker run --name php_crawler -d -it php_crawler bash
```

接著，打開自己偏好的程式編輯器，並打開「lab5-1.php」檔案接著將檔案改成下列的程式碼：

```php
01   <?php
02
03   require_once './vendor/autoload.php';
04
05   use GuzzleHttp\Client;
06   use Symfony\Component\DomCrawler\Crawler;
07   use thiagoalessio\TesseractOCR\TesseractOCR;
08
09   $loginUrl = 'https://www.leezen.com.tw/login.php';
10   $captchaUrl = 'https://www.leezen.com.tw/captcha/code.php';
11
12   $client = new Client(['cookies' => true]);
13   $response = $client->request('GET', $loginUrl);
14   $loginPageResponse = (string)$response->getBody();
15
16   $codeResponse = $client->request('GET', $captchaUrl);
17   file_put_contents('./code.png', (string)$codeResponse->getBody());
18
19
20   $code = (new TesseractOCR('code.png'))
21       ->lang('eng')
22       ->run();
```

```
23
24  $crawler = new Crawler($loginPageResponse);
25  $token = '';
26  $crawler
27      ->filter('input[type="hidden"]')
28      ->reduce(function (Crawler $node, $i) {
29          global $token;
30          if ($node->attr('name') === 'token') {
31              $token = $node->attr('value');
32          }
33      });
34
35  $formParams = [
36      'form_params' => [
37          'member' => 'email_or_account',
38          'member_m' => 'email_or_account',
39          'member_password' => 'password',
40          'Mode' => 'login',
41          'token' => $token,
42          'Turing2' => $code,
43          'login' => '登入',
44      ],
45  ];
46
47  $postLoginUrl = 'https://www.leezen.com.tw/member_process.php';
48  $response = $client->request('POST', $postLoginUrl, $formParams);
49
50  $loginResponseString = (string)$response->getBody();
51
52  var_dump($loginResponseString);
53  if (strstr($loginResponseString, '登入成功') === false) {
54      exit(1);
55  }
56  $todayMonth = Carbon\Carbon::now('Asia/Taipei');
57  $preThreeMonths = clone $todayMonth;
58  $preThreeMonths->subMonth(3);
59
60  $storeBillingUrl = 'https://www.leezen.com.tw/ajax_storebilling.php';
61  $formParams = [
62      'form_params' => [
63          's' => $preThreeMonths->format('Y-m-d') . ' 00:00:01',
```

```
64          'e' => $todayMonth->format('Y-m-d') . ' 23:59:59',
65      ],
66  ];
67  $storeBillingResponse = $client->request('POST', $storeBillingUrl, $formParams);
68
69  var_dump((string)$storeBillingResponse->getBody());
```

上述的程式碼說明如下：

- 從第 1 到 52 行為登入此購物網站的網路機器人。

- 第 53 行使用 PHP 內建的 strstr 函式，去判斷 $loginResponseString 變數
  是否有包含「登入成功」的字串，如沒有包含的話，則不繼續往下做，
  並使用 PHP 內建函式 exit 將離開代碼設定為 1，表示登入這個動作失敗。

- 第 54 行開始，這是除了用「use」語法先宣告命名空間的類別之外，第
  二種呼叫類別的方式，就是直接將命名空間與類別合在一起之後宣告，
  即「Carbon\Carbon」，接著呼叫一個靜態方法叫做 now，並設定時區
  為「Asia/Taipei」，即為目前台灣的時間，這個方法將會取得目前時間與
  日期等相關資訊，並存成一個 Carbon 類別實例，這個將會存放到名為
  $todayMonth 變數中。

- 接著使用 clone 語法將 $todayMonth 變數複製一份，並且存放到
  $preThreeMonths 變數中，這樣一來類別實例就不會因為一些操作而去
  覆蓋掉原來 $todayMonth 所儲存的類別了。

- 接著使用 $preThreeMonths 這個類別實例並呼叫 subMonths 的方法，這
  個方法可以將目前此類別所存放的時間與日期倒退至指定的月份，這裡
  是指定倒退 3 個月，即目前時間倒退至 3 個月前的時間與日期。

- 接著，開始組合 $formParams 變數，裡面有「s」與「e」的欄位，分別代
  表開始與結束的日期的字串，先前的 $todayMonth 與 $preThreeMonths
  類別變數分別去呼叫 format 方法並使用「Y-m-d」的格式取出此格式化
  之後的日期字串。其中，Y 代表的是年份，m 代表的是月份而 d 則代表
  的是日。

- 使用 HTTP POST 方法向 https://www.leezen.com.tw/ajax_storebilling.php
  網址進行請求，接著將結果儲存至 $storeBillingResponse 變數中。
- 最後使用 PHP 內建函式 var_dump 將 $storeBillingResponse 呼叫的 getBody
  方法並轉型成字串型別的結果印出。

將此檔案使用下列的指令複製到運行的爬蟲容器環境：

```
01   docker cp lab5-1.php php_crawler:/root/
```

接著使用下列的指令執行此檔案：

```
01   docker exec php_crawler php lab5-1.php
```

當登入成功與成功拿到歷史消費紀錄時，就會看到類似像下列的輸出的結
果了：

```
01   string(110) "<script>alert(" 登入成功，歡迎您回到天天里仁！");window.location.
     replace("index.php") ;</script>"
02   string(2949) "<ul>
03           <li>◎ 門市消費紀錄將於您消費後 48 小時內更新。</li>
04           <li>◎ 實際資料以發票明細及本公司系統紀錄為準。</li>
05    <li>◎ 如欲查詢 3 個月以前門市消費紀錄，請 <a href="contact.php"><u> 聯絡客服
     </u></a>。</li>
06   </ul>
07   <hr>
08
09   <table class="cart-table responsive-table">
10    <tr>
11    <th> 消費日期時間 </th>
12    <th> 消費地點 </th>
13     <th> 消費金額 </th>
14      <th> 明細查詢 </th>
15    </tr>
16
17      <tr>
18     <td>2020-12-16 20:25:18</td>
19     <td> 里仁事業股份有限公司內湖分公司 </td>
20     <td>$122</td>
```

```
21      <td><a href="member_sale_detail.php?i=1&s=20200928&e=20201228">點我查詢
    </a></td>
22    </tr>
23    <tr>
24    <td>2020-12-14 17:13:09</td>
25    <td> 里仁事業股份有限公司內湖分公司 </td>
26    <td>$649</td>
27    <td><a href="member_sale_detail.php?i=2&s=20200928&e=20201228">點我查詢
    </a></td>
28    </tr>
29    <tr>
30    <td>2020-12-14 17:12:07</td>
31    <td> 里仁事業股份有限公司內湖分公司 </td>
32    <td>$165</td>
33    <td><a href="member_sale_detail.php?i=3&s=20200928&e=20201228">點我查詢
    </a></td>
34    </tr>
35    <tr>
36    <td>2020-12-12 20:04:34</td>
37    <td> 里仁事業股份有限公司內湖分公司 </td>
38    <td>$620</td>
39    <td><a href="member_sale_detail.php?i=4&s=20200928&e=20201228">點我查詢
    </a></td>
40    </tr>
41    <tr>
42    <td>2020-12-12 20:03:39</td>
43    <td> 里仁事業股份有限公司內湖分公司 </td>
44    <td>$595</td>
45    <td><a href="member_sale_detail.php?i=5&s=20200928&e=20201228">點我查詢
    </a></td>
46    </tr>
47    <tr>
48    <td>2020-11-07 20:13:36</td>
49    <td> 里仁事業股份有限公司內湖分公司 </td>
50    <td>$515</td>
51    <td><a href="member_sale_detail.php?i=6&s=20200928&e=20201228">點我查詢
    </a></td>
52    </tr>
53    <tr>
54    <td>2020-11-07 20:12:40</td>
55    <td> 里仁事業股份有限公司內湖分公司 </td>
```

```
56    <td>$675</td>
57    <td><a href="member_sale_detail.php?i=7&s=20200928&e=20201228">點我查詢
      </a></td>
58    </tr>
59    <tr>
60    <td>2020-11-06 19:20:14</td>
61    <td> 里仁事業股份有限公司內湖分公司 </td>
62    <td>$587</td>
63    <td><a href="member_sale_detail.php?i=8&s=20200928&e=20201228">點我查詢
      </a></td>
64    </tr>
65    <tr>
66    <td>2020-11-06 19:18:58</td>
67    <td> 里仁事業股份有限公司內湖分公司 </td>
68    <td>$275</td>
69    <td><a href="member_sale_detail.php?i=9&s=20200928&e=20201228">點我查詢
      </a></td>
70    </tr>
71    <tr>
72    <td>2020-10-05 18:09:17</td>
73    <td> 里仁事業股份有限公司內湖分公司 </td>
74    <td>$995</td>
75    <td><a href="member_sale_detail.php?i=10&s=20200928&e=20201228">點我 查詢
      </a></td>
76    </tr>
77    <tr>
78    <td>2020-10-05 18:08:09</td>
79    <td> 里仁事業股份有限公司內湖分公司 </td>
80    <td>$825</td>
81    <td><a href="member_sale_detail.php?i=11&s=20200928&e=20201228">點我 查詢
      </a></td>
82    </tr></table><br>
83    <div class="clearfix"></div>"
```

接著，可以使用 Symfony\Component\DomCrawler\Crawler 類別來進行存取這個門市消費紀錄的表格了，加入相關擷取表格程式碼進去到「lab5-1.php」檔案之後，可以得到下列的程式碼：

```
01    <?php
02
```

```php
03   require_once './vendor/autoload.php';
04
05   use GuzzleHttp\Client;
06   use Symfony\Component\DomCrawler\Crawler;
07   use thiagoalessio\TesseractOCR\TesseractOCR;
08
09   $loginUrl = 'https://www.leezen.com.tw/login.php';
10   $captchaUrl = 'https://www.leezen.com.tw/captcha/code.php';
11
12   $client = new Client(['cookies' => true]);
13   $response = $client->request('GET', $loginUrl);
14   $loginPageResponse = (string)$response->getBody();
15
16   $codeResponse = $client->request('GET', $captchaUrl);
17   file_put_contents('./code.png', (string)$codeResponse->getBody());
18
19   $code = (new TesseractOCR('code.png'))
20       ->lang('eng')
21       ->run();
22
23   $crawler = new Crawler($loginPageResponse);
24   $token = '';
25   $crawler
26       ->filter('input[type="hidden"]')
27       ->reduce(function (Crawler $node, $i) {
28           global $token;
29           if ($node->attr('name') === 'token') {
30               $token = $node->attr('value');
31           }
32       });
33
34   $formParams = [
35       'form_params' => [
36           'member' => email_or_account,
37           'member_m' => 'email_or_account',
38           'member_password' => 'password',
39           'Mode' => 'login',
40           'token' => $token,
41           'Turing2' => $code,
42           'login' => '登入',
43       ],
```

```
44    ];
45
46    $postLoginUrl = 'https://www.leezen.com.tw/member_process.php';
47    $response = $client->request('POST', $postLoginUrl, $formParams);
48
49    $loginResponseString = (string)$response->getBody();
50
51    var_dump($loginResponseString);
52
53    if (strstr($loginResponseString, '登入成功') === false) {
54        exit(1);
55    }
56
57    $todayMonth = Carbon\Carbon::now('Asia/Taipei');
58    $preThreeMonths = clone $todayMonth;
59    $preThreeMonths->subMonths(3);
60
61    $storeBillingUrl = 'https://www.leezen.com.tw/ajax_storebilling.php';
62    $formParams = [
63        'form_params' => [
64            's' => $preThreeMonths->format('Y-m-d') . ' 00:00:01',
65            'e' => $todayMonth->format('Y-m-d') . ' 23:59:59',
66        ],
67    ];
68    $storeBillingResponse = $client->request('POST', $storeBillingUrl, $formParams);
69
70    $crawler = new Crawler((string)$storeBillingResponse->getBody());
71    $shoppingLists = $crawler
72      ->filter('table[class="cart-table responsive-table"] > tr')
73      ->each(function (Crawler $node, $i) {
74          $first = $node->children()->first()->text();
75          $second = $node->children()->nextAll()->text();
76          $last = $node->children()->last()->html();
77          $last = str_replace(['<a href="', '">點我查詢</a>'], '', $last);
78          $last = 'https://www.leezen.com.tw/' . $last;
79
80          return [$first, $second, $last];
81      });
82
83    print_r($shoppingLists);
```

上述的程式碼說明如下：

- 第 1 到 70 行都是之前程式，最後會拿到門市消費紀錄的 HTML 表格。

- 從第 71 行開始，則使用 Symfony\Component\DomCrawler\Crawler 這個類別，因為先前行數已經使用了 use 語法來宣告過此類別，因此這邊可以只使用 Crawler 類別即可，並將 $storeBillingResponse 變數呼叫 getBody 方法之後將其轉型成字串，便可以拿到回應的 HTML 表格字串。並將其載入到 Crawler 類別之建構式中。

- 接下來，利用 Crawler 類別呼叫 filter 方法並使用 CSS 選取器，選取器的格式為：「'table[class = "cart-table responsive-table"] > tr'」。意思是將有 class 屬性名稱為 cart-table responsive-table 的 table 標籤裡面的 tr 標籤都篩選出來。

- 篩選出來之後，會有 3 個 td 的欄位，分別是消費時間、消費門市名稱以及消費明細的連結。這 3 個欄位就分別對應 $first、$second 與 $last 這 3 個變數

- $first 變數就是利用 $node 變數取出當前節點的第 1 個裡面的文字，即為第 1 個 td 標籤裡的文字。

- $second 變數則是再利用 $node 變數取出下一個節點中的文字，即為第 2 個 td 標籤裡的文字。

- $last 變數則是用 $node 變數取出最後一個節點中包含 HTML 格式的字串，即為第 3 個 td 標籤裡面的 HTML 字串，並包含 a 標籤。

- 接著使用 PHP 內建的 str_replace 函式找出分別含有「<a href="」與「"> 點我查詢 </a>」的字串，並取代成空字串，接著將「https://www.leezen.com.tw/」加入到 $last 變數之前並組合成一個完整的明細查詢連結。

- 最後再使用 PHP 內建函式 print_r 將 $shoppingLists 之關聯式陣列變數印出來。

將上述的程式再利用下列的指令複製進執行爬蟲的容器環境中：

```
01   docker cp lab5-1.php php_crawler:/root/
```

接著使用下列指令執行此程式：

```
01   docker exec php_crawler php lab5-1.php
```

執行完成之後，如登入成功且成功擷取消費紀錄的清單，就會得到類似像下列輸出的結果了：

```
01   Array
02   (
03       [0] => Array
04           (
05               [0] => 消費日期時間
06               [1] => 消費地點
07               [2] => https://www.leezen.com.tw/ 明細查詢
08           )
09
10       [1] => Array
11           (
12               [0] => 2020-12-16 20:25:18
13               [1] => 里仁事業股份有限公司內湖分公司
14               [2] => https://www.leezen.com.tw/member_sale_detail.php?i=1&s=
     20200928&e=20201228
15           )
16
17       [2] => Array
18           (
19               [0] => 2020-12-14 17:13:09
20               [1] => 里仁事業股份有限公司內湖分公司
21               [2] => https://www.leezen.com.tw/member_sale_detail.php?i=2&s=
     20200928&e=20201228
22           )
23
24       [3] => Array
25           (
26               [0] => 2020-12-14 17:12:07
27               [1] => 里仁事業股份有限公司內湖分公司
```

```
28              [2] => https://www.leezen.com.tw/member_sale_detail.php?i=3&s=
   20200928&e=20201228
29          )
30
31      [4] => Array
32          (
33              [0] => 2020-12-12 20:04:34
34              [1] => 里仁事業股份有限公司內湖分公司
35              [2] => https://www.leezen.com.tw/member_sale_detail.php?i=4&s=
   20200928&e=20201228
36          )
37
38      [5] => Array
39          (
40              [0] => 2020-12-12 20:03:39
41              [1] => 里仁事業股份有限公司內湖分公司
42              [2] => https://www.leezen.com.tw/member_sale_detail.php?i=5&s=
   20200928&e=20201228
43          )
44
45      [6] => Array
46          (
47              [0] => 2020-11-07 20:13:36
48              [1] => 里仁事業股份有限公司內湖分公司
49              [2] => https://www.leezen.com.tw/member_sale_detail.php?i=6&s=
   20200928&e=20201228
50          )
51
52      [7] => Array
53          (
54              [0] => 2020-11-07 20:12:40
55              [1] => 里仁事業股份有限公司內湖分公司
56              [2] => https://www.leezen.com.tw/member_sale_detail.php?i=7&s=
   20200928&e=20201228
57          )
58
59      [8] => Array
60          (
61              [0] => 2020-11-06 19:20:14
62              [1] => 里仁事業股份有限公司內湖分公司
63              [2] => https://www.leezen.com.tw/member_sale_detail.php?i=8&s=
   20200928&e=20201228
```

```
64              )
65
66      [9] => Array
67          (
68              [0] => 2020-11-06 19:18:58
69              [1] => 里仁事業股份有限公司內湖分公司
70              [2] => https://ww.leezen.com.tw/member_sale_detail.php?i=9&s=
    20200928&e=20201228
71          )
72
73      [10] => Array
74          (
75              [0] => 2020-10-05 18:09:17
76              [1] => 里仁事業股份有限公司內湖分公司
77              [2] => https://www.leezen.comtw/member_sale_detail.php?i=10&s=
    20200928&e=20201228
78          )
79
80      [11] => Array
81          (
82              [0] => 2020-10- 18:08:09
83              [1] => 里仁事業股份有限公司內湖分公司
84              [2] => https://www.leezen.com.tw/member_sale_detail.php?i=11&s=
    20200928&e=20201228
85          )
86
87  )
```

到這裡，就完成購物網站機器人的開發，也希望讀者可以了解到如何簡易的
使用 teseract 指令來進行光學辨識，並找到驗證碼的答案之外，也可以學到
透過一步步的分析方式找到確切的歷史消費紀錄，接著更進一步可以進行消
費紀錄的分類。

案例研究 5-2 網路廣播網站

經過了先前幾個章節實做了有關於購物網站的會員自動登入機器人,並且使用 thiagoalessio/tesseract_ocr 的 PHP 套件,以外部呼叫 tesseract 指令的方式對登入頁面的驗證碼進行光學文字辨識,並找到驗證碼的文字答案,同時也示範了擷取登入之後會員之門市消紀錄清單之爬蟲。在這章節,筆者將會再使用另外一項進階的爬蟲技術來進行開發與展示。

網路廣播網站之錄音檔爬蟲分析

筆者在過去的一陣子,對於探討特殊教育相關的教育廣播有興趣,並找到了一個有關於特殊教育相關議題節目的廣播網站,剛好這些廣播節目收錄在一個特定的網路廣播網站上,而這個網站很特別的地方在於,它收錄了在許多不同時段的廣播節目並以集數進行區分的收錄下來,並提供一般的使用者進行點選集數來收聽。所以我找到這些錄音節目之後,我就想應該有個方式可以將這些我感興趣的廣播節目之相關音訊檔案給下載回來,讓我可以在沒有網路的情況下,仍然可以收聽這些廣播。因此就有了這個網路廣播之錄音檔清單爬蟲開發的需求了。首先先打開 Google Chrome 瀏覽器之後,先進入到這個網站:https://baabao.com/single-program/29684?to=1609171656885&s=HxCFz,進去之後,會看到如下的頁面截圖:

▲ 圖 80：廣播節目網站首頁

從上面截圖可以得知，這是一個介紹此廣播節目的網站，而這個頁面往下拉之後，則會看到下列的截圖：

全部單集	熱門程度	時間
● 資優教育第40集		2019/12/18
● 資優教育第39集		2019/12/18
● 資優教育第38集		2019/12/18
● 肢體障礙第37集		2019/12/18
● 肢體障礙第36集		2019/12/18
● 肢體障礙第35集		2019/12/18
● 語言障礙第34集		2019/12/18

▲ 圖 81：廣播節目集數列表頁面

從上面截圖可以得知，這個頁面除了此廣播節目相關的介紹之外，另外還有每集集數的列表，點擊每個集數名稱的連結後，就會開始播放指定的集數，接著在頁面的下方有一條黑色的區塊，很像是音樂播放器，裡面就會顯示目前正在播放的節目名稱、播到目前的時間，節目時間的長度，還有其他控制條，如往前 15 秒的按鈕以及往後 15 秒的按鈕等。分析完基本的頁面之後，可以使用「F12」按鈕來打開開發者模式了，打開之後並切換到「XHR」分頁，便可以看到類似如下的截圖：

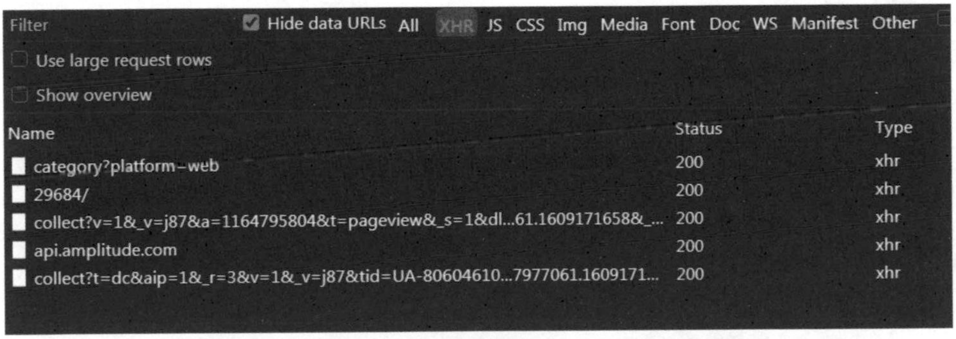

▲ 圖 82：廣播節目集數清單網站之 XHR 分頁資訊

可以從上面的截圖發現到，有一個 HTTP GET 請求 https://baabao.com/web-program-detail/29684/ 網址，並可以發現到裡面的回應為一個 JSON 格式的資料，相關的截圖如下：

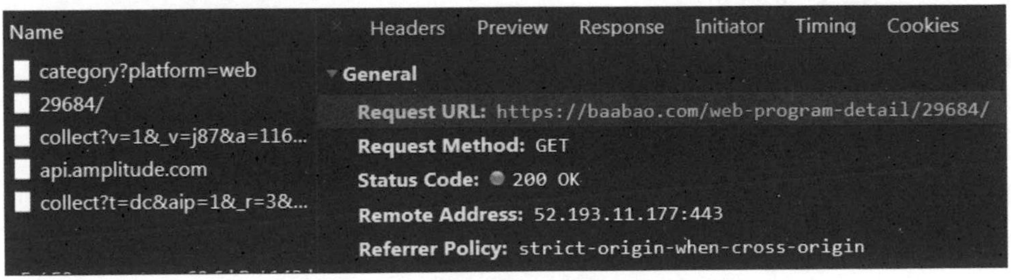

▲ 圖 83：廣播節目全集數連結網址

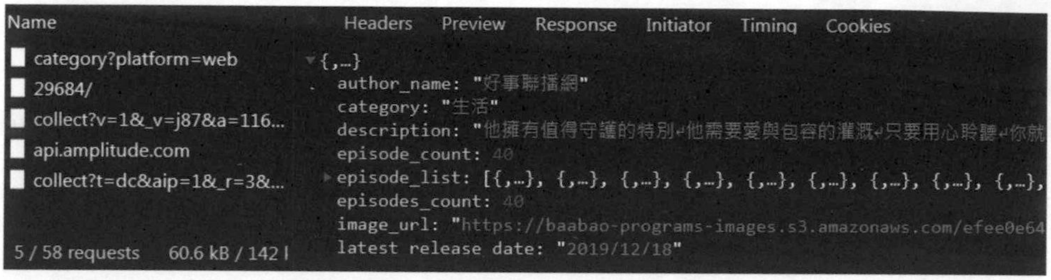

▲ 圖 84：廣播節目全集數之 JSON 內容

透過回應的 JSON 資料中，可以發現裡面有一個叫做「episode_list」的鍵值，打開來之後，可以發現到目前這個節目中所有的集數清單，接著隨意的打開其中一集，就可以拿到某一集的相關資訊，如下面的截圖所示，打開第39 的集數，就可以發現裡面有一個叫做「episode_data_url」之鍵值，裡面所對應的就是播放的 MP3 音樂檔案。

▲ 圖 85：廣播節目全集數之 JSON 內容中某集資訊

那如果是要從單集數的連結進行偵測目前的集數所對應的下載連結呢？這也是可以做到的，比如從這個網址：https://baabao.com/single-episode/2792254?to = 1609178305781&s = jRbH9 進入之後，就會開始播放這個集數的音檔，那如果要將當下播放的檔案下載回來的話，則可以透過網站開發者模式

並切換到「Application」分頁並選擇「https://baabao.com」網址名稱，就會
看到有很多寫在這裡面的資訊，相關的截圖如下：

▲ 圖 86：廣播節目單一集頁面的 LocalStroage 存放的訊息

從上面截圖可以得知，有一些頁面上的資訊存放在「LocalStorage」裡
面，而存放的方式是以 key-value，鍵 - 值的方式儲存，裡面有一個叫做
「localforage/listen_history/lastListenEpisode」之鍵值所對應的值是一個
JSON 字串值，裡面看起來有蠻多的資訊，初步推測是這個當前廣播集數的
相關資訊，為了驗證這個猜測是對的，切換到「Console」的分頁，並依序
輸入下列的 JavaScript 程式碼，來解析出上述所對應的 JSON 字串，如下截
圖所示：

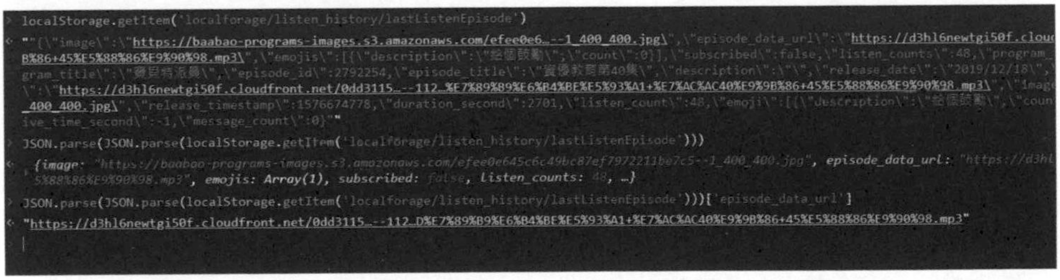

```
localStorage.getItem('localforage/listen_history/lastListenEpisode')
```

▲ 圖 87：使用 JavaScript 執行存取 LocalStroage 程式得到的 JSON

從上面截圖可以得知，首先可以使用「localStorage.getItem('localforage/
listen_history/lastListenEpisode')」將 JSON 字串印出，接著確定裡面有
要的當前網址所對應集數之 MP3 音檔之後，再用「JSON.parse(JSON.

parse(localStorage.getItem('localforage/listen_history/lastListenEpisode')))」將對應的 JSON 字串解析成 JSON 物件，接著再使用「JSON.parse(JSON.parse(localStorage.getItem('localforage/listen_history/lastListenEpisode')))['episode_data_url']」便可以直接取出當前網址裡面所對應集數之 MP3 音檔了。到這裡，筆者已經將此廣播網站兩個不同方式的爬蟲開發流程都解析完成，以下是這兩個爬蟲的步驟流程與整理：

若是要取出某個廣播節目所有集數列表之音檔爬蟲，則可以使用下列的方法進行實做：

■ 使用 HTTP GET 請求 https://baabao.com/web-program-detail/29684/ 網址並會得到一個 JSON 回應的內容，裡面就含有所有此指定的廣播節目之集數資訊了。

■ 解析上述所得到回應的 JSON 字串內容，即可以找到所有集數的 MP3 音檔連結了。

若是要取出某個廣播節目中，當前正在播放的集數之 MP3 音檔爬蟲，則可以使用下列的方法進行實做：

■ 使用 HTTP GET 請求 https://baabao.com/single-episode/2792254?to＝1609178305781&s＝jRbH9 網址。

■ 載入上述的網頁之後，執行 JavaScript 程式碼並透過 localStroage 物件取出「localforage/listen_history/lastListenEpisode」鍵所對應的 JSON 字串值。

■ 將上述取得到的 JSON 字串值進行解析並進一步得到 JSON 物件後，即可以拿到當前正在播放集數的 MP3 音檔連結了。

網路廣播網站之錄音檔爬蟲實做 -part1

在前一章節中，筆者介紹了兩種不同的方式在同一個廣播網站上擷取錄音檔
檔案之爬蟲，分別是從特定的廣播節目連結找到此節目所有集數的清單以及
相關的資訊。另一個則是透過單一集數的廣播節目找到當前此廣播節目的集
數與音檔。首先先將運行爬蟲的環境開啟，並用下列的指令做到：

```
01   # 建立存放 MP3 音檔的目錄
02   mkdir files/
03   # 停止容器與防止此名稱已經有使用
04   docker stop php_crawler; docker rm php_crawler
05   # 啟動運行爬蟲容器環境並掛載當前目錄下的 files 目錄讓運行爬蟲容器環境所下載的音檔外部也
     可以直接存取
06   docker run --name php_crawler -it -d -v $PWD/files/:/root/files/ php_crawler bash
```

接著使用偏好的程式編輯器打開「lab5-2-1.php」檔案並將下列的程式碼放
到此檔案中：

```php
01   <?php
02
03   require __DIR__ . '/vendor/autoload.php';
04
05   use GuzzleHttp\Client;
06   use GuzzleHttp\Exception\RequestException;
07
08   $programUrlLists = 'https://baabao.com/web-program-detail/29684/';
09   $client = new Client();
10   $programDetailResponse = $client->request('GET', $programUrlLists);
11
12   $episodeLists = json_decode((string)$programDetailResponse->getBody(), true)
     ['episode_list'];
13
14   if (is_dir('./files/') === false) {
15       mkdir('./files/');
16   }
17
```

```
18   $failedDownloadLists = [];
19   foreach ($episodeLists as $episodeList) {
20       $downloadFileClient = new Client();
21       $requestOption = [
22           'sink' => './files/' . $episodeList['episode_title'] . '.mp3',
23       ];
24       echo 'Download files:', $episodeList['episode_title'], '.mp3', "...\n";
25       try {
26           $downloadFileClient->request('GET', $episodeList['episode_data_url'],
     $requestOption);
27       } catch (RequestException $e) {
28           echo 'Failed to download files:', $episodeList['episode_title'],
     '.mp3', "...\n";
29           $failedDownloadLists[] = [
30               $episodeList['episode_title'],
31               $episodeList['episode_data_url'],
32           ];
33       }
34   }
35
36   if (count($failedDownloadLists) !== 0) {
37       print_r($failedDownloadLists);
38   }
```

上述的程式碼説明如下：

- 首先先用 use 語法分別宣告 GuzzleHttp\Client 與 GuzzleHttp\Exception\ RequestException。

- 宣告一個 $client 變數並建立一個 Client 之類別實例，接著發送一個 HTTP GET 請求給指定連結並將回應內容存到 $programDetailResponse 之 變數。

- 接著呼叫 getBody 方法並轉型成 string 型別，再使用 PHP 內建函式 json_ decode 將此 JSON 字串解析成關聯式陣列。

- 接著把 episode_list 鍵值所對應的 JSON 陣列找出來並存放到變數 $episodeLists，使用 foreach 語法將此陣列進行走訪，在每次集數就 宣告一個新的 Client 類別實例並存放到 $downloadFileClient，宣告

$requestOption 變數並存放 sink 這個請求選項並放入對應的儲存檔案路徑，檔案名稱為集數的名稱。

■ 接著發送 HTTP GET 請求鍵值 episode_data_url 所對應的 MP3 音檔連結。

■ 由於在下載檔案時候有可能會導致失敗，因此使用 try…catch 將第 26 行圈住，當發生例外的時候，除了印出下載失敗的集數名稱之外，也使用 $failedDownloadLists 變數存放一個陣列，每個值所對應的陣列即下載失敗集數的名稱與連結。當有失敗的檔案下載時候，才將 $failedDownloadLists 變數用 PHP 內建函式 print_r 印出。完成好此檔案之後，接著使用下列的指令把此 PHP 檔案複製進此運行爬蟲容器環境：

```
01    docker cp lab5-2-1.php php_crawler:/root/
```

接著再使用下列指令去行 lab5-2-1.php 檔案：

```
01    docker exec php_crawler php lab5-2-1.php
```

運行上述的爬蟲之後，如果每個集數下載都成功的時候，則會得到下列的截圖：

▲ 圖 88：執行 lab5-2-1.php 程式成功之後輸出的訊息 -1

```
Download files:自閉症第19集.mp3...
Download files:自閉症第18集.mp3...
Download files:自閉症第17集.mp3...
Download files:自閉症第16集.mp3...
Download files:發展遲緩第十五集.mp3...
Download files:發展遲緩第十四集.mp3...
Download files:發展遲緩第十三集.mp3...
Download files:發展遲緩第十二集.mp3...
Download files:情緒行為障礙第十一集.mp3...
Download files:情緒行為障礙第十集.mp3...
Download files:情緒行為障礙第九集.mp3...
Download files:情緒行為障礙第八集.mp3...
Download files:情緒行為障礙第七集.mp3...
Download files:視覺障礙第六集.mp3...
Download files:視覺障礙第五集.mp3...
Download files:視覺障礙第四集.mp3...
Download files:智能障礙第三集.mp3...
Download files:智能障礙第二集.mp3...
Download files:智能障礙第一集.mp3...
```

▲ 圖 89：執行 lab5-2-1.php 程式成功之後輸出的訊息 -2

到這裡，第一部分之網路廣播網站之錄音檔爬蟲實做就結束了，之後下一章
節筆者將帶著讀者實做網路廣播網站之錄音檔爬蟲第二部分，也就是下載指
定連結下的單一錄音檔案。

網路廣播網站之錄音檔爬蟲實做 -part2

繼上一章節完成了擷取某個廣播節目清單下所有的音訊檔案之後，在本章節，筆者將繼續帶著讀者實做某一個集數的網站擷取單一的錄音音訊檔案爬蟲。首先，先使用下列的指令將運行爬蟲的容器環境：

```
01   # 停止並刪除此容器名稱
02   docker stop php_crawler; docker rm php_crawler
03
04   # 啟動 php_crawler 容器並跑在背景並將本地端的當前目錄下的 files 目錄掛載到容器中的 /
     root/files 目錄
05   docker run --name php_crawler -it -d -v $PWD/files/:/root/files/ php_crawler bash
```

將爬蟲運行的容器環境啟動之後，接著打開自己偏好的程式編輯器，建立一個叫做「lab5-2-2.php」的檔案並將下面的程式碼放到此檔案中：

```
01   <?php
02
03   require __DIR__ . '/vendor/autoload.php';
04
05   use GuzzleHttp\Client;
06   use GuzzleHttp\Exception\RequestException;
07   use HeadlessChromium\BrowserFactory;
08   use HeadlessChromium\Exception\JavascriptException;
09
10   $singleEpisodeUrl = $argv[1] ?? ";
11   if ($singleEpisodeUrl === ") {
12       echo 'Cannot find specific single episode URL. Exited...', "\n";
13       exit(1);
14   }
15
16   $matchedCount = preg_match('/(https\:\/\/baabao\.com\/single-episode\/)
     (\d+)(\?)to=(\d+)&s=(\w+)/', $singleEpisodeUrl);
17
18   if ($matchedCount !== 1) {
19       echo 'The single episode URL format is invalid...', "\n";
20       exit(1);
```

```
21   }
22
23   $jsCode = "JSON.parse(JSON.parse(localStorage.getItem('localforage/listen_
     history/lastListenEpisode')))";
24   $browserOptions = [
25       'headless' => true,
26       'noSandbox' => true,
27       'ignoreCertificateErrors' => true,
28   ];
29
30   try {
31       $browserFactory = new BrowserFactory('google-chrome-stable');
32
33       $browser = $browserFactory->createBrowser($browserOptions);
34
35       $page = $browser->createPage();
36       $page->navigate($singleEpisodeUrl)->waitForNavigation();
37
38       $episodeInfo = $page->evaluate($jsCode)->getReturnValue();
39
40       echo 'Episode title: ', $episodeInfo['episode_title'], "\n";
41       echo 'Episode Data URL: ', $episodeInfo['episode_data_url'], "\n";
42
43       $browser->close();
44   } catch(JavascriptException $e) {
45       echo 'Evaluating JavaScript is failed...Exited.', "\n";
46       exit(1);
47   }
48
49   $downloadFileClient = new Client();
50   $requestOption = [
51       'sink' => './files/' . $episodeInfo['episode_title'] . '.mp3',
52   ];
53
54   echo 'Download files:', $episodeInfo['episode_title'], '.mp3', "...\n";
55   try {
56       $downloadFileClient->request('GET', $episodeInfo['episode_data_url'],
     $requestOption);
57   } catch (RequestException $e) {
58       echo 'Failed to download file:', $episodeInfo['episode_title'], '.mp3',
     "...\n";
```

```
59        echo 'Failed to download URL:', $episodeInfo['episode_data_url'], "...\n";
60      exit(1);
61  }
62
63  echo 'Download ', $episodeInfo['episode_title'], '.mp3 has been done.', "\n";
```

上述的程式碼作用說明如下：

- 先宣告幾個命名空間的類別如下：
  - GuzzleHttp\Client
  - GuzzleHttp\Exception\RequestException
  - HeadlessChromium\BrowserFactory
  - HeadlessChromium\Exception\JavascriptException
- 接著，讀取 $argv 變數，取得索引值為第一個的參數，其為單一集數的廣播節目頁面網址，而預設索引值為第零個參數永遠都是 PHP 檔案的名稱。
- 使用 PHP 內建函式 preg_match 將上述所取得到的網址進行正規表達式的判斷，當指定的正規表達式 pattern 成立時候，則會回傳符合此字串數量，當符合數量不為 1 的時候，就停止程式的執行。
- 宣告一個 $jsCode 變數，並將取得 localStorage 中某個項目所對應值的 JavaScript 程式碼儲存在此變數中。
- 接著，宣告一個 $browserOptions 關聯式陣列變數，並設定幾個值，相關設定值解釋如下：
  - headless，指定是否 Google Chrome 瀏覽器是以無頭模式開啟，這裡使用 true 表示以無頭模式開啟瀏覽器。
  - noSandbox，當使用者為 root 的時候，去開啟 Google Chrome 瀏覽器的時候，則需要將此設定值設定為 true，這個設定值就等價於 google-chrome 指令中的 --no-sandbox。
  - ignoreCertificateErrors，此設定為是否在瀏覽 HTTPS 網址的時候，是否要忽略檢查憑證是否合法之動作，預設為 false，當設定值為 true 時候，則忽略檢查，反之則會檢查憑證的合法性。

- 更多其他有關於 $browserOptions 變數裡的瀏覽器設定值可以參考：
  https://github.com/chrome-php/headless-chromium-php#options 網址。

- 接著建立一個 BrowserFactory 的類別實例，並宣告一個 $browserFactory
  變數儲存這個類別實例，並設定 Google Chrome 瀏覽器執行的路徑，由
  於 google-chrome-stable 已經預設安裝在運行爬蟲的容器中，因此這邊才
  會放入這個字串。

- 呼叫 createBrowser 方法並把先前的 $browserOptions 變數當作參數放到
  此方法中。

- 呼叫 createPage 方法開啟瀏覽器的一個分頁。

- 呼叫 navigate 方法並載入指定的 $singleEpisodeUrl 網址內容，接著再呼
  叫 waitForNavigation 方法，等到頁面內容完全的載入。

- 在頁面載入完成之後，呼叫 evaluate 方法並將先前所宣告好的 $jsCode
  之 JavaScript 程式碼變數傳進去此方法當做參數並執行此程式碼後，呼叫
  getReturnValue 方法拿到此 JavaScript 程式碼執行後的結果後，存放到
  $episodeInfo 變數中。

- $episodeInfo 是一個關聯式的陣列，裡面有很多個關於此廣播節目之集數
  的資訊，裡面有兩個下載廣播音訊檔案所需要用到的，分別是 episode_
  title 鍵值，為集數的名稱；episode_data_url 鍵值，為此集的音訊檔案。

- 接著使用 $browser 呼叫 close 方法將瀏覽器關閉。

- 上述的動作皆以 try...catch，原因是因為有可能在執行 JavaScript 程式的
  時候，會發生錯誤，當抓到 JavascriptException 時，則輸出相關訊息並
  停止 PHP 程式運作。

- 宣告一個 $downloadFileClient 變數並建立一個 Client 類別實例存放到此
  變數。

- 宣告一個 $requestOption 關聯式陣列變數，並放入 sink 鍵值，其對應的
  是廣播音訊檔案的名稱。

- 利用 $downloadFileClient 呼叫 request 方法並使用 HTTP GET 請求進行發送此集數的音訊檔案位址並進行下載檔案的動作。
- 上述下載音訊檔案的請求皆使用 try…catch 區塊包住，原因是有可能下載檔案會失敗，當失敗發生並抓到 RequestException 例外的時候，跳到 catch 區塊並印兩行訊息，分別為失敗的檔案名稱以及檔案網址連結之後停止執行 PHP 程式。

接著可以使用下列的指令將此 lab5-2-2.php 檔案複製到運行爬蟲環境的容器中：

```
01   docker cp lab5-2-2.php php_crawler:/root/
```

接著使用下列的指令執行此 PHP 爬蟲程式：

```
01   docker exec -it php_crawler php ./lab5-2-2.php "https://baabao.com/single-episode/2792254?to=1596211873940&s=8TBkr"
```

上述所帶進去的網址參數為下載某個廣播節目的其中一集檔案頁面網址當作範例，執行之後，若沒有錯誤的話，則可以得到下列的結果：

```
Episode title: 資優教育第40集
Episode Data URL: https://d3hl6newtgi50f.cloudfront.net/0dd31152b9db415bbae239bcba2b61ba--1125+%E5%AF%B6%E8%B2%9D%E7%89%B9%E6%B4%BE%E5%93%A1+%E7%AC%AC40%E9%9B%86+45%E5%88%86%E9%90%98.mp3
Download files:資優教育第40集.mp3...
Download 資優教育第40集.mp3 has been done.
```

▲ 圖 90：執行 lab5-2-2.php 程式成功後印出的訊息

而下載下來的音訊檔案則會存放在 files 的目錄中。從上面的程式可以得知，筆者是直接利用了 chrome-php/chrome 的 PHP 套件，並透過它去執行 google-chrome-stable 等相關指令來開啟無頭模式的 Google Chrome 瀏覽器來操作頁面等相關的動作，當然另外一種方式，則是透過 Puppeteer 這個高階的 API 來操作 Google Chrome 瀏覽器。由於 Puppeteer 是使用 Node.js 所開發出來的套件，為了要讓 PHP 可以存取，因此則需要透過 nesk/

puphpeteer 這一個 PHP 套件來進行存取，這個套件是一個橋樑，可以負責存取 Puppeteer 並進而操作 Google Chrome 瀏覽器。因此，打開偏好的程式編輯器並取檔案名稱叫做「lab5-2-3.php」，將下列的程式碼放到此檔案中：

```php
01  <?php
02
03  require __DIR__ . '/vendor/autoload.php';
04
05  use GuzzleHttp\Client;
06  use GuzzleHttp\Exception\RequestException;
07  use Nesk\Puphpeteer\Puppeteer;
08  use Nesk\Rialto\Data\JsFunction;
09  use Nesk\Rialto\Exceptions\Node\FatalException;
10
11  $singleEpisodeUrl = $argv[1] ?? ";
12  if ($singleEpisodeUrl === ") {
13      echo 'Cannot find specific single episode URL. Exited...', "\n";
14      exit(1);
15  }
16
17  $matchedCount = preg_match('/(https\:\/\/baabao\.com\/single-episode\/)
    (\d+)(\?)to=(\d+)&s=(\w+)/', $singleEpisodeUrl);
18
19  if ($matchedCount !== 1) {
20      echo 'The single episode URL format is invalid...', "\n";
21      exit(1);
22  }
23
24  $jsCode = "return JSON.parse(JSON.parse(localStorage.getItem('localforage/
    listen_history/lastListenEpisode')));";
25
26  try {
27      $puppeteerOptions = [
28          'read_timeout' => 65,
29      ];
30      $puppeteer = new Puppeteer($puppeteerOptions);
31      $launchOptions = [
32          'headless' => true,
33          'ignoreHTTPSErrors' => true,
34          'args' => [
```

```
35              '--no-sandbox',
36          ],
37      ];
38      $browser = $puppeteer->launch($launchOptions);
39
40      $navigationOptions = [
41          'timeout' => 60000,
42          'waitUntil' => 'networkidle2',
43      ];
44      $page = $browser->newPage();
45      $page->goto($singleEpisodeUrl, $navigationOptions);
46
47      $episodeInfo = $page->evaluate(JsFunction::createWithBody($jsCode));
48
49      echo 'Episode title: ', $episodeInfo['episode_title'], "\n";
50      echo 'Episode Data URL: ', $episodeInfo['episode_data_url'], "\n";
51
52      $browser->close();
53  } catch(FatalException $e) {
54      echo 'Fatal error exception: ', $e->getMessage(), "\n";
55      exit(1);
56  }
57
58  $downloadFileClient = new Client();
59  $requestOption = [
60      'sink' => './files/' . $episodeInfo['episode_title'] . '.mp3',
61  ];
62
63  echo 'Download files:', $episodeInfo['episode_title'], '.mp3', "...\n";
64  try {
65      $downloadFileClient->request('GET', $episodeInfo['episode_data_url'],
    $requestOption);
66  } catch (RequestException $e) {
67      echo 'Failed to download file:', $episodeInfo['episode_title'], '.mp3',
    "...\n";
68      echo 'Failed to download URL:', $episodeInfo['episode_data_url'], "...\n";
69      exit(1);
70  }
71
72  echo 'Download ', $episodeInfo['episode_title'], '.mp3 has been done.', "\n";
```

上述程式碼說明如下：

- 第 1 到第 23 行之程式作用與「lab5-2-3.php」檔案相同，唯獨不一樣的地方是在第 6、7、8、與 23 行，這邊換成下列的命名空間實例：
  - Nesk\Puphpeteer\Puppeteer，表示 Puppeteer 類別。
  - Nesk\Rialto\Data\JsFunction，用來產生 JavaScript 程式之函式類別。
  - Nesk\Rialto\Exceptions\Node\FatalException，表示當有例外錯誤發生時的例外類別。
  - 在第 23 行則是表示一個 JavaScript 函式，因此需要在本來的 $jsCode 變數中加入 return。
- 從第 27 行開始，宣告一個 $puppeteerOptions 變數，並將其中一個設定值：read_timeout 改成 65 秒，預設為 30 秒，指的是讀取某個網址裡面內容與載入的總計時間。
- 宣告一個 Puppeteer 類別實例，並在類別建構式中，放入上述的設定檔，並將此類別實例存到 $puppeteer 變數中。
- 宣告一個 $launchOptions 的關聯式陣列變數，裡面是 Google Chrome 瀏覽器在啟動的時候會載入的設定值，相關設定值如下：
  - headless，設定為 true，指的是將瀏覽器以無頭模式啟動。
  - ignoreHTTPSErrors，設定為 true，指的是瀏覽器在載入網址為 HTTPS 的時候，是否要忽略檢查憑證的動作，預設設定值為 false，在這裡是設定 true。
  - args 為其他要在啟動瀏覽器時後所帶的額外參數，因為在爬蟲運行環境中，使用的是 root 使用者執行 Google Chrome 瀏覽器，因此需要加入「--no-sandbox」之參數。
- 接著 $puppeteer 呼叫 launch 方法並將上述的 $launchOptions 變數傳送到此方法變成參數，並將上述所得到的類別實例，儲存給 $browser 變數。

- 宣告一個 $navigationOptions 關聯式陣列變數，其設定值如下：
  - timeout，用來設定載入頁面要花多少時間，預設是 30 秒，設定的值單位為毫秒（millisecond）。
  - waitUntil，此設定值指的是等待頁面載入要等到什麼時候，當設定值為：networkidle2 時候，則是當未完成的 HTTP 請求數量低於 2 個以下時，則當頁面載入行為則會統統結束；若設定值為 networkidle0 的時候，則是要等到所有的 HTTP 請求全部結束之後，頁面載入的動作才會結束。
- $browser 呼叫 newPage 方法來新增一個分頁後並將此類別實例儲存給 $page 變數。
- $page 呼叫 goto 方法，來載入指定某個廣播節目之其中一集的網址並將 $navigationOptions 放到此方法的第二個參數，用這些設定來規定頁面載入的行為。
- $page 變數呼叫 evaluate 方法並使用 JsFunction 類別呼叫靜態方法：createWithBody 並把 $jsCode 變數字串儲存到這個 JsFunction 類別實例中，並變成 evaluate 之第一個參數。在這個頁面上執行完成 JavaScript 程式之後，將執行之後的結果儲存到 $episodeInfo 變數中。
- $episodeInfo 變數為一個關聯式陣列，因此使用 episode_title 與 episode_data_url 之鍵值分別印出此集的名稱與此集的廣播紀錄檔案網址。並使用 echo 分別將上述兩個值以訊息的方式印出。
- 使用 $browser 變數呼叫 close 方法將 Google Chrome 瀏覽器關閉。
- 上述取出集數的名稱與網址的過程有可能會發生錯誤，因此需要使用 try …catch 區塊包住，當抓到 FatalException 的時候，則會輸出此例外處理的訊息出來並終止此 PHP 程式。
- 第 57 行開始之後，與「lab5-2-2.php」中的第 49 行之後開始後的行為完全一樣。

完成好程式碼之後，利用下列的指令將此程式複製到運行的爬蟲容器環境
中：

```
01   docker cp lab5-2-3.php php_crawler:/root/
```

接著再執行下列的指令：

```
01   docker exec -it php_crawler bash -c "source ./.nvm/nvm.sh && php ./lab5-2-
     3.php 'https://baabao.com/single-episode/2792254?to=1596211873940&s=8TBkr'"
```

上述的指令為，使用 bash 指令並用 -c 參數，參數的值為一行命令：「source
./.nvm/nvm.sh && php ./lab5-2-3.php 'https://baabao.com/single-episode/27
92254?to=1596211873940&s=8TBkr'」，首先先將 nvm 載入，這樣一來才
可以透過 NVM 設定好 Node.js 版本執行路徑，此動作成功執行之後，使用
php 指令將「/lab5-2-3.php」執行並帶上某個廣播節目之單一集數網址。執
行之後，若成功的話，則會得到下列的截圖：

```
Episode title: 資優教育第40集
Episode Data URL: https://d3hl6newtgi50f.cloudfront.net/0dd31152b9db415bbae239bcba2b61ba--1125+%E5%AF
%B6%E8%B2%9D%E7%89%B9%E6%B4%BE%E5%93%A1+%E7%AC%AC40%E9%9B%86+45%E5%88%86%E9%90%98.mp3
Download files:資優教育第40集.mp3...
Download 資優教育第40集.mp3 has been done.
```

▲ 圖 91：執行 lab5-2-2.php 程式成功之後輸出的訊息

廣播音訊檔案則會儲存在「files」的目錄中。到這裡，本篇章節的兩個不同
方式實做擷取廣播節目之單一集數網址中的音訊檔案爬蟲就完成了。

A

附錄

使用 VirtualBox 建置爬蟲開發與運行的虛擬機器

有鑑於有些讀者對於 Docker 相關的指令陌生，因此筆者使用了虛擬機器建置了符合案例研究所需要用到的開發與運行爬蟲的環境，讓讀者可以使用 VirtualBox 將此虛擬機器匯入之後，就可以直接操作各個案例研究的範例程式。為了確定此虛擬機器能夠一般個人電腦或是筆電上順利的運行，下列為要求的硬體配置：

- RAM：記憶體需要 4GB 以上。
- 硬碟：空間大小需要 30GB 以上。
- CPU：至少雙核心或以上。

安裝方法如下：

- 首先，到 https://drive.google.com/file/d/1URmVBlf7alw1AuMLISZFowllCtO kN5Np/view?usp＝sharing 網址進行虛擬機器 VMDK 檔案下載。
- 接著打開 VirtualBox，並得到下面的截圖：

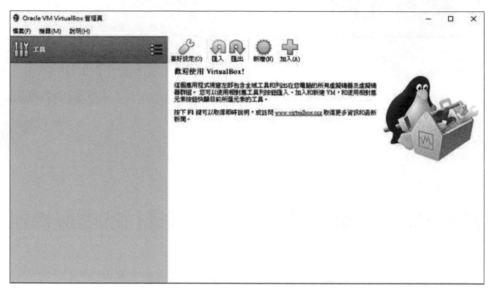

▲ 附錄圖 1：VirtualBox 頁面

接著，按下上面圖中的「匯入」按鈕，得到下列的截圖：

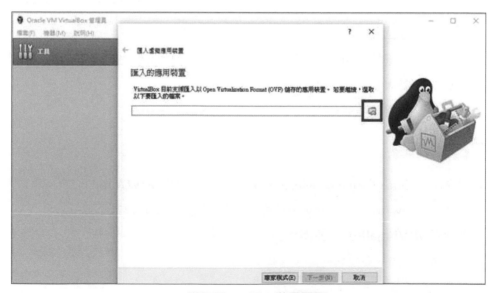

▲ 附錄圖 2：匯入裝置頁面

接著，按下上圖用方框圈起來的圖示，接著就會得到下列的圖示：

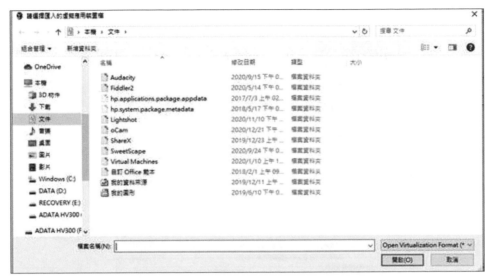

▲ 附錄圖 3：請選擇匯入虛擬應用裝置選取頁面

選擇存放先前下載「php_crawler_lab.ova」檔案的路徑，並按下開啟按鈕，得到下面的截圖後按下「下一步」按鈕：

▲ 附錄圖 4：選擇要匯入虛擬應用裝置後的頁面

就會看到下列的截圖，這邊可以選擇要匯入到的虛擬機器資料夾路徑，其餘的設定都不用更改，選擇好匯入虛擬機器的資料夾路徑之後，按下「匯入」按鈕：

▲ 附錄圖 5：匯入虛擬機器應用裝置選項設定

接著會出現下列的截圖，因為此 OVA 檔案在 MIT 許可證，接著按下同意即可：

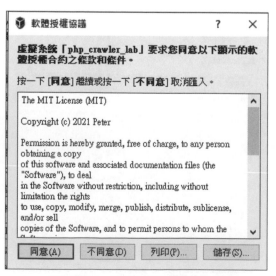

▲ 附錄圖 6：軟體授權協議同意頁面

按下同意按鈕之後，就開始進行匯入虛擬機器裝置的動作了，如下面的截圖所示：

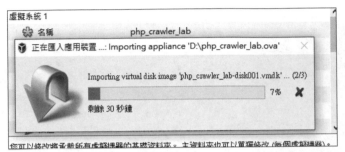

▲ 附錄圖 7：正在匯入應用狀置狀態條頁面

匯入完成之後，則會看到下列的截圖，並可以發現多了一個叫做「php_crawler_lab」的虛擬機器：

▲ 附錄圖 8：匯入虛擬機器後的 VirtualBox 管理頁面

接著可以將此虛擬機器開機並得到下列的圖示：

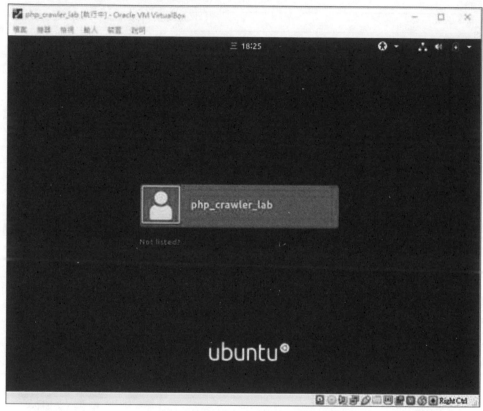

▲ 附錄圖 9：虛擬機開機後之登入畫面

接著按下上面的「php_crawler_lab」之後,則會得到下列圖示,接著輸入密碼:php_crawler_lab1234 之後即可登入:

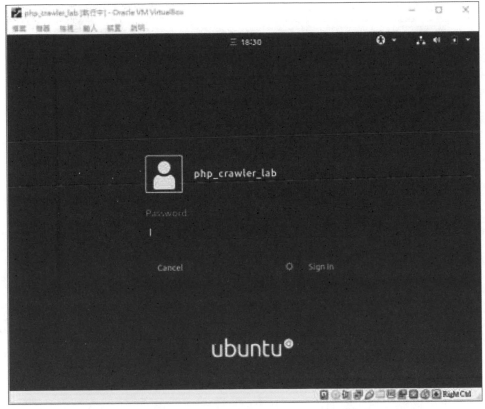

▲ 附錄圖 10:虛擬機開機後之輸入密碼畫面

登入之後，使用滑鼠按下右鍵並選取「Open Terminal」將終端機打開，如下圖所示：

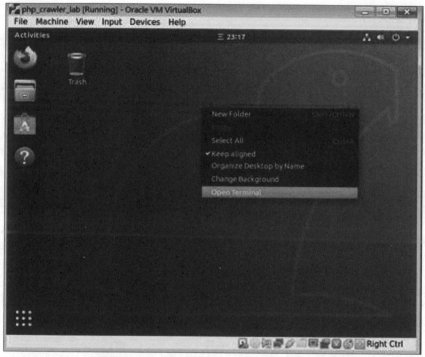

▲ 附錄圖 11：作業系統桌面右鍵開啟選單的選項表

下圖是開啟終端機的畫面：

▲ 附錄圖 12：作業系統桌面開啟終端機畫面

接著，使用 ls 指令查看裡面的家目錄是否有「php_crawler_lab」目錄之後，接著使用 cd 指令切換到此目錄，之後再用 ls 指令查看是否有這些檔案，接著輸入「git pull origin master」這串指令來更新當前 Git 儲存庫專案為最新的，相關指令操作如下圖所示：

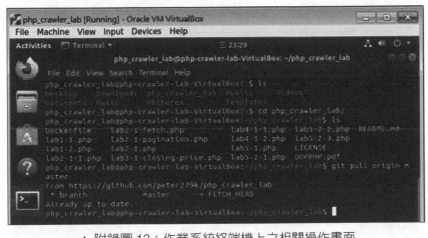

▲ 附錄圖 13：作業系統終端機上之相關操作畫面

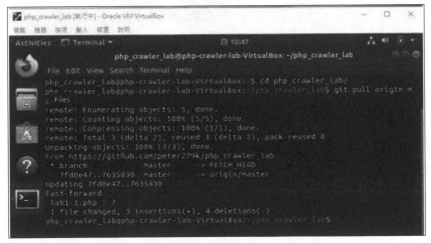

▲ 附錄圖 13-1：更新 php_crawler_lab 專案最新版本

接著使用「docker image ls | grep crawler」這串指令來找到是否已經有 crawler 這個關鍵字的 Docker 鏡像：

▲ 附錄圖 14：作業系統終端機上之相關操作畫面

到這裡就可以確定運行爬蟲環境的虛擬主機已經成功的匯入到 VirtualBox 中了，並可以無痛的操作所有章節中的案例研究裡的範例程式碼了。如果要在此虛擬主機更新或是重新下載運行爬蟲環境的 Docker 鏡像或是 Git 儲存庫的專案，則可以參考以下的連結：

- https://github.com/peter279k/php_crawler_lab
- https://hub.docker.com/r/peter279k/php_crawler

而重新下載 Docker 鏡像則可以參考下列圖示，首先先將既有的 Docker 鏡像用「docker rmi –force php_crawler」進行刪除，接著使用「docker pull peter279k/php_crawler:latest」進行最新的 Docker 鏡像下載，下載完成之後，接著使用「docker tag peter279k/php_crawler php_crawler」指令將名為「peter279k/php_crawler」的鏡像標籤也標籤成「php_crawler」，最後再使用「docker rmi –force peter279k/php_crawler」指令把名為「peter279k/php_crawler」之鏡像標籤移除，留下「php_crawler」標籤，並使用「docker rmi –force php_crawler」指

令進行刪除，接著使用「docker pull peter279k/php_crawler:latest」進行最新
的 Docker 鏡像下載，下載完成之後，接著使用「docker tag peter279k/php_
crawler php_crawler」指令將名為「peter279k/php_crawler」的鏡像標籤也標籤
成「php_crawler」，最後再使用「docker rmi –force peter279k/php_crawler」指
令把名為「peter279k/php_crawler」之鏡像標籤移除，下「php_crawler」標籤。

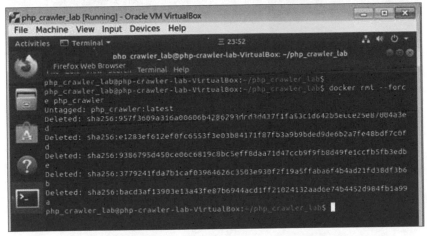

▲ 附錄圖 15：刪除既有的 Docker 鏡像

▲ 附錄圖 16：從 Docker Hub 上下載新的 Docker 鏡像

▲ 附錄圖 17：新增一個 php_crawler 標籤並刪除原來的標籤

▲ 附錄圖 18：列出含有 php_crawler 關鍵字的 Docker 鏡像

註冊一個 Mailgun 帳號與設定教學

Mailgun，是一個第三方的寄信服務，除了可以透過 SMTP 的方式進行郵件的發送之外，也可以使用此服務所提供的 API 來進行發送郵件，而此服務也會在案例研究整合章節中使用到，因此本附錄文章為註冊帳號的教學。首先先進入 https://www.mailgun.com/ 網站：

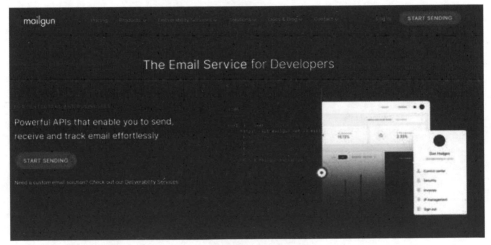

▲ 附錄圖 19：Mailgun 官方網站

接著按下上圖中的「START SENDING」按鈕，並會出現下列的截圖：

Getting Started With Mailgun Is Free And Takes 57 Seconds

Full Name

Company

Work Email

Password

Password Confirmation

☑ Add payment info now

🔒 Secure Payment Info

Cardholder Name

Credit Card Details

It's Free to Signup!

Get 5,000 free emails on us for 3 months!

Why do we need a credit card for a free account? It helps us prevent spammers from signing up, which means better deliverability for you and everyone else. You won't be charged unless you go beyond 5,000 emails each month.

This is a secure 256-bit SSL encrypted form. You're safe.

Select Another Plan

Flex Trial

Today's Total: (December payment): $0.00

▲ 附錄圖 20：Mailgun 註冊帳號頁面

將上述圖中的相關欄位填入對應的資料，分別為完整姓名「Full Name」、公司「Company」、信箱「Work Email」以及密碼「Password」和密碼確認「Password Confirmation」等欄位，將「Add payment info now」之檢核鈕選取拿掉，並往下拉看到下列截圖。

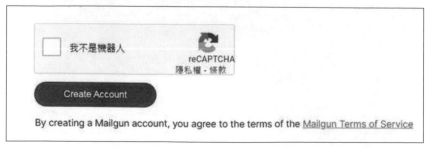

▲ 附錄圖 21：Mailgun 註冊帳號頁面之 Google 驗證碼

接著通過 Google 驗證碼之後，按下「Create Account」按鈕。接著註冊帳號成功之後，便會直接跳轉到如下截圖中的頁面了：

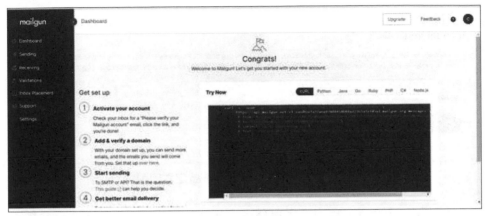

▲ 附錄圖 21：Mailgun 會員帳號頁面

接著去先前註冊帳號所填寫的信箱收信並驗證帳號，信件內容如下截圖：

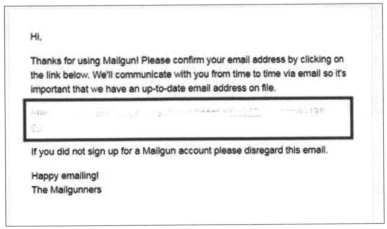

▲ 附錄圖 22：Mailgun 驗證帳號信件內容

從上面截圖中得知，方框的部分為驗證帳號的連結，點擊下去之後，則會跳轉到此頁面，如下截圖所示：

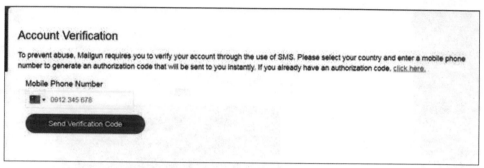

▲ 附錄圖 23：Mailgun 驗證帳號之手機驗證

由上面截圖可以得知，需要收手機簡訊以便驗證帳號，因此輸入手機號碼之後並按下「Send Verification Code」按鈕並得到下列的截圖：

Account Verification

Verification code sent! Most carriers deliver the verification code within 10 seconds. If you do not receive the code within five minutes, please try again or contact help@mailgun.com for assistance. Once you've received the verification code, please enter it below and click validate.

Verification Code

Validate   Send New Code

▲ 附錄圖 24：Mailgun 驗證帳號之手機驗證碼輸入頁面

當手機收到簡訊之後，則填入上面截圖中的「Verification Code」欄位並按下「Validate」按鈕則會跳轉到下列的截圖：

▲ 附錄圖 25：Mailgun 會員頁面

接著上述頁面往下拉之後，可以看到下面的一個區塊，如下截圖：

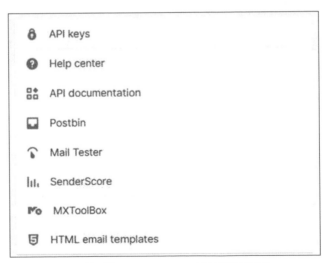

▲ 附錄圖 26：Mailgun 其他連結列表

點擊上述截圖中的「API keys」並可以跳轉到如下截圖：

▲ 附錄圖 27：Mailgun API 相關金鑰列表

透過上圖可以得知，API 金鑰有三個，其中第一個，「Private API key」為本書中會使用到的，而預設頁面是不會看到完整的金鑰字串，可以按下上圖中框起來的按鈕以檢視完整的金鑰字串。

接著回到前一頁，看到下列截圖有一個 sandbox 等字串的地方：

▲ 附錄圖 28：Mailgun 其他連結列表

點擊此 sandox domaon 連結後，會跳轉到如下面：

▲ 附錄圖 29：sandbox domain 資訊

從上面截圖可以看到，在頁面的右邊有一個「Authorized Recipients」的設定 Email 電子信箱的地方。由於 Mailgun 預設提供的 sandbox domain 僅提供測試所使用，因此要設定寄送的信箱，填好寄送信箱之後，接著按下「Save Recipient」按鈕，接著 Mailgun 就會寄送測試邀請信到上述的信箱了。下面截圖為收到此邀請信件的內容：

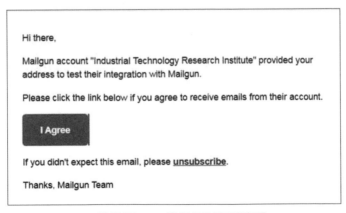

▲ 附錄圖 30：邀請測試信件資訊

當按下上述信件內容中的「I Agree」按鈕之後，則會跳轉一個頁面而其內容為下列截圖所示：

Confirm

Are you sure you would like to receive emails on peter279k@gmail.com from Mailgun account "Industrial Technology Research Institute"

Yes

▲ 附錄圖 31：確認邀請測試信件訊息

按下上圖中的「Yes」按鈕之後，便會得到下列的截圖：

Success

Recipient activated. peter279k@gmail.com can start receiving emails from "Industrial Technology Research Institute"

▲ 附錄圖 32：確認邀請成功訊息

這樣一來，Mailgun 註冊帳號與相關供案例研究整合使用之設定就已經完成了。